U0295804

乔艾尔·哈里逊（Joel Harrison）
尼尔·雷德利（Neil Ridley）

乔艾尔与尼尔是当今烈酒界跟大众分享经验和创新最前线的佼佼者。从威士忌到金酒，干邑到芬尼酒，两位都有分享不完的知识。除了在共同创立的获奖威士忌网站“Caskstrength.net”上传播威士忌相关知识，他们的文章也经常出现在各大报章杂志专栏，如 *Whisky Magazine*、*Imbibe* 与印度的 *Wall Street Journal* 等。此外，他们还担任世界威士忌大赛（World Whisky Awards）与国际葡萄酒暨烈酒大赛（I.W.S.C.）的评审，近年更在全球各地主持了超过 250 场的烈酒相关品酒会。

由于对苏格兰威士忌的杰出贡献，他们获得了象征威士忌名人堂荣誉“苏格兰双耳小酒杯执持者”（Keeper of the Quaich）的头衔。尼尔与乔艾尔于 2015 年开设了新网站“WorldsBestSpirits.com”，内容是以各式烈酒为主题的新闻与评论。

# 世界烈酒轻松入门

# 世界烈酒轻松入门

# DISTILLED

［英］乔艾尔·哈里逊（Joel Harrison）［英］尼尔·雷德利（Neil Ridley）著

味道笔记本　汪海滨　卢雪君　译

上海三联书店

CARDAMOM
BITTERS
HIX
Fix
Cherries
20.6%
ABV
0210

# 目录

FEW
AMERICAN GIN
FEW
RYE WHISKEY

$500
$500

EW
GIN
FEW
STANDARD ISSUE
GIN
114 PROOF
750 ML
Maker's
Mark
KENTUCKY STRAIGHT
BOURBON WHISKY
HANDMADE
DISTILLED, AGED AND BOTTLED BY THE
MAKER'S MARK DISTILLERY, INC.
STAR HILL FARM, LORETTO, KY. USA
45%alc./vol.
TAXI
JOSÉ
$500
JAMAICA
$500
BANK NEGARA MALAYSIA
WANG KERTAS INI SAH DIPERLAKUKAN DENGAN NILAI
1
RM 1
SATU RINGGIT
MIL
COLOMBIA

# 前　言

## 欢迎来到烈酒的世界

我们希望这本书能作为你攀登烈酒珠穆朗玛峰的夏尔巴人向导、伏特加航程中掌舵的船长、共享白兰地的酒伴，甚至是鸡尾酒小径的跑圈领队和威士忌的智库，但这不是厚重的知识宝典，也不是雅文邑白兰地年鉴或学校教科书，这本书将引领你去探索现今市场上优质的烈酒，有些品类你可能没听过或喝过，却绝对值得你竭尽所能地去探寻。

drink
smith
FEW
FEW
FEW
help us

随着烈酒产业创意迭出以及全球各地窜起的小型生产商，大厂们只能研发新产品来迎战，本书会着重介绍这些还不足以挑大梁的新秀们，虽然它们目前还是小众，但是将来你可能会在主流市场发现它们的踪迹。

对我们两人来说，这趟通往烈酒世界的旅程极具启发性，因此在“10款必试”专题中列出我们发掘到的珍宝，分享我们觉得有趣而非“最好”的烈酒。不仅如此，每一章都有“行家会客室”，介绍烈酒产业中个性格鲜明的行家，由他们来现身说法，他们与烈酒之间引人入胜的故事会让你想举杯与他们小酌一番。当真的要品尝这些极致烈酒的时刻到来时，我们将竭尽所能地指点你，确保你跟我们一样从中获得无上的享受——从不能错过的鸡尾酒，到这些烈酒佳酿的独特性格、背后历史和品饮方式。

# 如何使用这本书

要把全世界所有烈酒的特性都概括于一本饮品小书中，还真有点挑战性！所以，我们把焦点集中在多数品种齐全的吧台柜必备的烈酒类型，同时在每个章节中，适时介绍与主要品种有类似制作过程或风味的其他款烈酒。另外，我们整理出一份各种烈酒关键知识的简表，以供理解。

# 烈酒知识简表

| 烈酒名称 | 发源地 | 颜色 | 主要生产国 | 全球热销品牌 | 主要成分 |
| --- | --- | --- | --- | --- | --- |
| 某些烈酒有着相同的名称，唯有拼写有些微不同，我们希望从历史的角度来解释这些分化的缘由。 | 万物都有发源地，这是你理解这款烈酒的第一站。部分烈酒（如白兰地与威士忌）甚至有多个自称正统的产地，就让我们静观其变。 | 这纯粹是外观上的指引方针。当然，每一种烈酒都有各自独特的色泽或风格，特别是那些经过木桶熟成或陈放的。 | 一窥当今各式烈酒最炙手可热的地区，从大量生产、强力营销的大咖，到手工装瓶的小厂都有。 | 我们当然会告诉你谁才是大咖。不过值得注意的是，受欢迎的品种不该因其普及度而遭排挤。 | 由历史上哪个地区盛产哪些作物来定义。然而今非昔比，从风味及经济价值来看，无论是葡萄、谷物、马铃薯或梅子，基础原料的种类对某些烈酒的表现有巨大的影响。 |

也许你无法认同我们选出的所有代表品种，或是觉得我们错过了某些精彩的烈酒，但这正是互相交流激荡迷人之处！我们希望借着阅读本书启发你走上属于自己的烈酒旅途，甚至呼朋引伴一同徜徉其中。

正如我们的好友——调酒大师及烈酒探索同好兼威海指南针公司（Compass Box）的苏格兰威士忌专家——约翰·格拉泽（John Glaser）所说："最重要的是，与人分享并享受其中！"

乔艾尔 · 哈里逊与尼尔 · 雷德利
写于2014年

BARLEY MOW

# 醉人的饮用酒简史

如同所有伟大的故事，蒸馏的历史既神秘、令人神往又暧昧莫测！各个地区都在传统技术上添瓦加砖，这些传统的技法在全球各地仍沿用至今。

**长生不老仙丹**

要指出历史上第一杯蒸馏酒被人当做社交（更别提醉人）饮品的确切时间点，几乎是不可能的任务。（我怀疑喝的人隔天应该也记不得了！）从远古埃及和中国的文献看来，当时蒸馏的技术主要应用在从香草、香料和植物中提炼治病的药物、丹药及香水，并非用来生产酒精饮品。

尽管科技日新月异，数百年来生产烈酒的设备并没有太大的改变，以壶式蒸馏器（pot still）为例，它那历久弥新具代表性的外观（第18页）自古希腊沿用至今。中世纪前期采用一种叫做冰馏法（freeze distillation）的技术，以冷冻的方法将酒精与水分分离，但是这种技术仅能在较寒冷的地区施行，产量也十分有限。

蒸馏技术的另一个好处就是，可以让酒精饮品流通全世界却不用担心质量劣化的问题。蒸馏烈酒在欧洲消费市场盛行约莫是在12世纪，当时白兰地已经是供应量稳定的商品，而葡萄酒常被拿去作蒸馏处理，以便撑过漫长的越洋旅程。

随着14世纪黑死病肆虐欧洲，不少医师利用蒸馏烈酒来抵御疾病，就此奠定了烈酒的地位。在某个时期，钱币上甚至会刻着拉丁文“aqua vitae”或苏格兰盖尔特语“uisge beatha”，两者的意思都是“生命之水”；谷类、水果和淀粉类作物逐渐被当做酿制烈酒的基本原料。从爱尔兰的威士忌（包括普汀酒[1]）、荷兰的金酒、波兰与俄国的伏特加，到德国的施纳普

1 编注：poitín或poteen，爱尔兰传统蒸馏酒。

（schnapp）等蒸馏酒品，更多别具风味的烈酒前仆后继，它们都表现出制作者和所使用的基底原料的个性特色。

烈酒不仅能在冲突的情境下强化身心，也被当作节庆时刻的社交润滑媒介。不过在随后的章节中，我们就会明白所谓的“过犹不及”——金酒、苦艾酒（absinthe）等烈酒，曾被认为是造成社会动荡的原因。

## 蒸馏产业的蓬勃

摆脱制造技术上相对来说不稳定又低效率的因素，使烈酒的生产制度化与规范化的是什么呢？答案是1830年申请的大英帝国专利第5974号，以及一名固执的爱尔兰人艾尼尔斯·科菲（Aeneas Coffey）。科菲所设计的柱式蒸馏器（column still）将蒸馏技术提升到前所未有的水平（第21页），让饮料公司能够稳定快速地大量生产烈酒，使得各种类型的大型蒸馏厂在全世界如雨后春笋般出现。

↑ 拜科技所赐，源自千年前且出身卑微的蒸馏技术，如今已臻炉火纯青。

它们都表现出制作者和所使用的基底原料的个性特色。

柱式蒸馏器之于铜制壶式蒸馏器（第18页），就如汽车之于传统马车。诸如麦芽威士忌（malt whisky）、特基拉（tequila）、白兰地等烈酒的生产核心，仍旧是较质朴的分批生产，而且极度仰赖由下方加热有着天鹅颈般的典型壶式蒸馏器来发展独特的风味。

相形之下，柱式蒸馏器的产能

几乎是无止境的。真是蒸馏酒的欢乐美好时光啊。

## 开始没落

进入21世纪后，美国在1920年1月16日颁布了禁酒令，在蒸馏烈酒史上留下不可磨灭的印记。原来蓬勃繁荣的美国威士忌产业几乎一夕之间跌到谷底，近百间蒸馏厂停止营业，光鲜的蒸馏器具被拆除，陈年中的烈酒一桶桶地被倒掉。然而遭殃的不单是美国威士忌产业，朗姆酒（rum）、金酒以及爱尔兰和苏格兰两地的威士忌酒厂，都因失去美国这个大市场纷纷歇业。

但再怎么样，禁酒令无法消解酒精的蛊惑。非法的制酒生意（威士忌、金酒、伏特加、朗姆酒及任何地下蒸馏商想染指的烈酒）背着美国政府当局继续营生（通常在深夜进行，因而出现[moonshine]（月光辉映）这个暗喻私酒的词），也造就了如艾尔·卡彭（Al Capone）这样的黑帮富豪。

谢天谢地，禁酒令在1933年12月被废除，但无论是美国国内或海外的蒸馏产业都已遍体鳞伤、一蹶不振，直到近年才又逐渐恢复起来。

## 终章：手工蒸馏酒（craft spirit）

美国在过去十年间掀起了一波手工蒸馏厂的风潮。无论是生产哪一种烈酒，不同酒厂背后的创立者和经营者都怀着相同的志向，要在自家产品上表现独特的个人风格。

为了支持工艺蒸馏商的权益与商业利益，精酿啤酒制造商及爱好者比尔·欧文（Bill Owens）在2003年成立了美国蒸馏协会（American Distilling Institute，简称ADI）。根据ADI的资料，从2004年的64家到如今超过400家，美国蒸馏业正发展地如火如荼。类似的情况也发生在中欧，独立蒸馏厂、小农、小型啤酒厂及葡萄酒庄等，相继购置小型铜制壶式蒸馏器或是微型柱式蒸馏器，来生产诸如金酒、伏特加、威士忌和白兰地等烈酒。

↑ 形状奇特的铜制壶蒸馏器。铜是蒸馏所采用的金属中最重要的，因为它对烈酒有澄清的效果。

这一切也带出一个关键的问题：手工蒸馏厂的定义是什么。目前并没有绝对的答案。即便有像ADI这样的组织在美国推动工艺烈酒定义的法规化，想要让特定法规得到国际认可的可能性实在不大，但这也赋予了工艺/手工/小批次蒸馏在本质上那种不落俗套、无法预测的特质，以便守住它所必备的活力与独立性。

本书收录的标准，无关规模、产品类型或是历史背景，坦率、新颖、热情、独特的风味及鲜明的个性，这些才是拿得门票的关键。蒸馏历史上从未有某个时期如同现今一般，把上述特色都封装入瓶。

# 何谓烈酒

行文至此，该是介绍一些科学的时候了。等等，先别急着走开！这跟在学校读书不一样，你不用抄笔记或戴上安全护目镜，完全不用。别忘了，我们讨论的可是酒，这比较像是……自由自在的大学，而且是毕业后不用背负一身助学贷款的那种！

烈酒（spirit）是指富含酒精的蒸馏饮品，通常酒精浓度（ABV）至少在20%以上，而且不加甜味（仅白兰地及朗姆酒容许有甜味）。有些烈酒如威士忌，坚持酒精浓度至少要达到40%，另有其他酒要求更高的酒精度，甚至高达80%。然而，这重要的酒精是从何而来，又是如何生成的？

这一切都要靠我们的好朋友——酵母。正常情况下，当酵母和含有淀粉或糖的物质结合后，会产生酒精。这个过程被称作厌氧呼吸作用（anaerobic respiration），或是我们更熟悉的名字——发酵。酵母会把糖分解成二氧化碳和酒精。到这里为止，要记住的重点是：任何含有淀粉或糖分的基底原物料都能够生成酒精。

不过，烈酒不只事关制造酒精的过程，酿造才是关键。酿造要更上一层楼才能成为饮品世界的博士——烈酒，而要取得这个殊荣，蒸馏是必经之路。

# 蒸馏的种类

简单来说，蒸馏就是分离，特别是分离液体与蒸汽。全世界的实验室都在把蒸馏应用在与你的生活密不可分的环节，像是净化水源、萃取香水和炼油。但若说到酿制烈酒，最重要的就是将酒精从水中分离或者说解放出来。要达到这个目的，有几种不同的方法。

首先是最传统的方法，就是直接加热酿造酒（第16~18页）。水和酒精会同时蒸发，但是酒精较易挥发，因此比水更快凝结成冷凝液（冷凝作用的产物）。酒精在挥发时会摆脱部分水分，而我们需要把酒精收集起来，方法是移除酒精中的热能，使其再度凝结成液体，这个过程就叫“冷凝作用”。

完成第一次蒸馏后，得出的液体可能还挟带着水分，为了降低酒精当中的水分比例，通常会一再重复蒸馏。烈酒蒸馏的次数并没有一定的规定，苏格兰单一麦芽威士忌采二次蒸馏，而伏特加通常蒸馏多达四或五次。

这种直接加热的方式可分为壶式蒸馏及连续式蒸馏。

## 壶式蒸馏

使用壶式蒸馏器是比较传统的蒸馏方法：基本上它就是个有瘦长瓶颈的铜壶，让蒸发的酒精能够经此冷却，凝结成水后流入收集槽。

在蒸馏技术发展之初，蒸馏器多半体积小、便于携带又适用于农耕，提供农夫另一种处理作物的方式。时至今日，壶式蒸馏器多半是被固定安装在世界各地的大型蒸馏厂中。举例来说，格兰威特（Glenlivet）苏格兰单一麦芽威士忌蒸馏厂的一座壶式蒸馏器，容量就高达15500升，应该没有人会想用拖车拉着这个庞然大物四处移动吧。

即使某些壶式蒸馏器的容量很大，也依然有威士忌蒸馏厂继续采用，但是产能绝对无法和“工业化大规模生产”画等号。部分原因可归咎于它的传统本色，还有就是使用这种蒸馏器的蒸馏厂，皆采用分批次的方式来生产烈酒，不过，壶式蒸馏跟它的后辈柱式/连续式蒸馏之间的对比，恐怕才是它被视为手工生产方式的主要原因。

## 连续式/柱式蒸馏

柱式蒸馏（又称作“连续式”或“塔式蒸馏器”，或以发明者命名的“科菲蒸馏器”）改良自先前的设计，于工业革命期间（1830年注册专利）发展完成。这种蒸馏器可以大量地将酿造酒制成酒精。

简单来说，这种蒸馏器被设计成能够连续多次重复加热和冷凝，而不需要分批进行，因此可快速又不间断地产出酒精，也因此称为“连续式”蒸馏器。由于体积比壶式蒸馏器大得多，采用柱式蒸馏器的蒸馏厂规模也相对庞大，举例来说，苏格兰卡梅隆布里奇蒸馏厂（Cameronbridge Distillery）的柱式蒸馏器除了生产1亿升的谷物威士忌供某些世界知名调和式威士忌使用，还有4千万升的酒精供给多个热销伏特加及金酒品牌。这是多么惊人的产能！

壶式蒸馏器和柱式蒸馏器的差异显而易见：跟犹如摩天大楼的柱式蒸馏器相比，铜制壶式蒸馏器不过是间小农舍。前者因为过于高耸，多半必须设置在厂区的户外，外观看来就像伦敦劳埃德保险社（Lloyd's of London）那幢大楼。

↑ 形状科幻的蒸馏器。某些柱式蒸馏器看起来就像儒勒·凡尔纳[2]想象出来的东西。

聊完加热和抽离，让我们稍微冷静一下，来看比较少见的蒸馏方式：减压/低温蒸馏（vacuum/cold distillation）。

## 减压/低温蒸馏

既然我们说过这不是学校，而这也不是一本科学教科书，所以略过它背后的物理原理，只谈优点——过程中无需高温加热，也因此又称“低温蒸馏”，且利用真空状态使酒精更容易汽化。因为不需要加热，若生产的是需要在蒸馏过程中加味的烈酒，有可能因此得到较好的质量，因为减少了对细致的草本烈酒的风味组成造成伤害的机会。

## DIY 蒸馏，万万不可

这一切看似简单，只需要加热低酒精度的酿造酒，再冷凝其蒸汽。如果想在家里自己试着蒸馏，注意啰！无照蒸馏在许多国家都是犯法的，不但很容易引起火灾，稍有差池还会导致失明。至于是否会导致失明，全在于甲醇和乙醇这两种酒精。

甲醇，就像游乐区里被警告不要跟他来往的孩子，或是树上不该尝试的禁果。说白了就是让它“能闪多远是多远！”至于乙醇，它是这场炼金过程中的黄金，是我们想要保留下来的东西，而正是这种将好酒精与坏酒精分离的技术，让蒸馏成为一门艺术。总之，千万别擅自在家尝试，或者先参考《如何自制金酒》单元（第38页）。你自己决定。

2 编注：儒勒·凡尔纳，法国小说家，著有《海底两万里》《地心历险记》《环游地球八十天》等作品。

# 两种多彩的个性
# 无色与深色

对专业的蒸馏厂来说，无论选择采用哪一种蒸馏形式，产出的烈酒色泽都是澄清纯净的。但若是仔细观察酒吧里的烈酒，你会注意到某些烈酒是有颜色的。烈酒有两种不同的种类：无色透明及深色。

白色烈酒（white spirit）泛指所有蒸馏完直接装瓶的烈酒，金酒和伏特加是最好的例子。

棕色烈酒（dark spirit）则是指在木桶中熟成一段时间的烈酒。通常会使用橡木酒桶，偶尔也会采用栗木（chesnut wood）或樱桃木（cherry wood）等木材的酒桶。

而正是这个“熟成作用”，赋予了烈酒颜色和风味。熟成时间长短不一，决定的因素各有不同，从基酒的风格到木桶的大小，甚至是存酒仓库里的温度和气压。

某些白兰地或特定的威士忌熟成时间可能高达30年或40年，其风味、复杂度及色泽随着岁月日增。不过，若是把同样的烈酒、同样的木桶移到……印度好了，当酒桶在印度酣睡时，部分酒液会很快被蒸发掉。根据估计，炎热气候下熟成的原桶，每年会损失约10%的桶液（被昵称为天使的分享〔angels' share〕），反之，在较凉爽的气候中，比如苏格兰，只会损失约2%左右。

不是数学家也算得出来，桶陈在印度的威士忌过不了多久就会完全蒸发掉，相较之下，在苏格兰的则可缓慢熟成很长一段时间。这不代表苏格兰威士忌比印度的好，而是风格不同，而这正是我们所乐见的：多样化的烈酒，尚未遇到伯乐的千里马，也是本书的旨趣所在。

# 如何品饮烈酒

本书挖空心思要告诉你的烈酒，都是由满腔热情的独立生产者或各界谙悉风味及制作手法的佼佼者精心准备。

无论是把这些烈酒当做睡前酒直饮或调成鸡尾酒，相信这些烈酒生产者都抱持着乐观开放的态度。对他们来说，不管以任何方式，只要是享用他们的心血，于他们就是已完成工作了。不过在把冰块加到平底杯或在你那杯曼哈顿里加入一大份烈酒前，熟知即将入喉的烈酒风味特性是很重要的。

## 评比的三个步骤

我们在审视某支烈酒以决定它在同类型产品中的地位，以及它在某款鸡尾酒或与其他饮品一起调成长饮的表现时，会有三个评比步骤。

第一步是研究它的气味。业界称此为“nose”（闻香），这个元素是你接触烈酒时最初始的风味感受。从杯中飘逸出的气味很重要，因为第一印象会铭刻于心。在这里我们要提供你第一个小秘诀：如果真的想认真研究烈酒的香气，买一个闻香杯（nosing glass）吧。典型的闻香杯是郁金香型，香气能往上从收窄的杯口溢出，如果没有闻香杯，可用有类似效果的笛型香槟杯替代。如果连这个也没有，那你的生活就太无趣了。

第二步，倒出一份烈酒，把酒杯平举至距离鼻子大约2.5公分处时，停！记住，我们面对的是酒精浓度至少在20%的烈酒，多数超过40%，甚至是60%、70%或80%，它们无一不是强度破表的烈酒。面对这样的酒，你最先闻到的香气会是……乙醇。细腻的风味藏在酒精背后，因此如何释放这些香气就成了关键。总而言之，高强度烈酒就是这样，如同大车需要一颗大引擎，充满风味的烈酒通常要仰赖较高的酒精浓度来成就它的表现。

应对的方式有两种。首先是个简单的诀窍：从上方往下看，把杯口想成钟面，离你最远的前方是12点钟方向，最靠近的是6 点钟方向。将杯子朝自己倾斜闻香时会发现，12 点钟方向的酒精味比6点钟方向的略轻微，也较多香气；反之，强烈的气息都较接近杯底，常常因此掩盖了真正的细致香气。其次，要柔化酒精度，只需要加点水；我们建议用无气泡矿泉水，如果没有，一般的开水也无妨。

在进行第三步骤之前，先让我们借用欣赏电影的方式，来介绍闻香过程和品饮烈酒的概念。

1.

**电影预告**

嗅闻烈酒就像看电影预告片，它让你对即将要经验的事有点概念，但又不会剧透到让你知道剧情发展和结局，只会决定它是否足够勾起让人想要品饮这杯烈酒的欲望；就像我们在电影院看预告片的反应："嗯……，不是我的菜，下一部！"

2.

**电影本身**

再来，辨别风味——实际入喉——就像到电影院观赏电影。当你缓慢地啜饮烈酒，花点时间去探究风味，犹如观看一部伟大的电影时，扪心自问：剧情铺陈是否顺畅？是否有明确表现出主要角色的个性？主角是否吸引你？ 如果是一瓶陈年威士忌或干邑（Cognac），它可能已经在桶中熟成数十年，等待一个装瓶的好时机，千万不要一口就干掉，要细细品尝，好好享用。既然你不会用快转的方式看电影，就别用同样的方式来对待你的烈酒。

3.

**观后深度讨论**

喝了不少，味蕾也得到充分润泽后（如果你决定做笔记并持续写品饮纪录，欢迎之至），就来到第三阶段，也就是所谓"余韵"（the finish）。它跟烈酒入喉之后萦绕的风味有关，就像电影散场后跟朋友在酒吧的讨论：喜欢吗？是什么风格？跟导演的其他作品一样精彩吗？你有没有上网找最扣人心弦那一幕的分析？最重要的，你会想再来一口吗？或者，再次借用电影来譬喻，你想二刷吗？闻香、品饮、余韵，是品鉴本书烈酒的神圣三位一体。对我们而言，本书相中的每一款烈酒都是奥斯卡得主等级，决非那种直接发行DVD 的作品！

# 10款 调酒柜必备的基本（无酒精）品种

### 1. 摇酒壶

想要像邦德一样帅气，怎么能没有摇酒壶！多数经典鸡尾酒款都要仰仗摇酒壶来混合。千万别太有自信，万一没正确地握住摇酒壶，等中盖飞出去，你家墙上就会多一幅杰克逊·波洛克[3]的画作。调酒摇酒壶主要有两种：由尺寸相同的金属杯和玻璃杯组成的波士顿摇酒壶（Boston shaker），这种摇酒壶需要用到单件式滤冰器；貌似纽约消防栓的三件式摇酒壶（cobbler shaker）通常是金属材质，分三部分——装盛用的大杯身、内有滤冰器的中盖，以及可以当做量酒器用的上盖。

你是否曾经作客朋友家中时，想调制一杯需要摇晃摇荡的鸡尾酒却苦无摇酒壶？其实可以利用任何有盖子的容器。派对上常见，不用任何调酒专业器具，仅以玻璃罐调制出来的威士忌酸酒（Whisky Sour）便是如此。专业调酒器具的存在不代表缺了它们就无法调酒，现在就挑些材料试试看吧。

### 2. 滤冰器

从名字就可以推敲出它的功用：若以摇荡法调制鸡尾酒，将酒从摇酒壶倒入酒杯时，会用滤冰器过滤多余的冰块或是水果、果皮等。三件式摇酒壶本身即具有滤冰器。

### 3. 量酒器

很多鸡尾酒酒谱会标明每种原料的分量，严格遵守材料的配比是很重要的，不过调酒台既非实验室也不是烘培坊，经验丰富的调酒师甚至不用量酒器，有直接倒入鸡尾酒的配料的“自由倒酒”方式[4]。不过若是自己在家调酒，刚开始最好还是用量酒器来调制鸡尾酒。此外，调酒既是艺术也是门科学，故调好后应该先用吸管试味道，视情况增加或减少某些成分。

## 4. 捣棒

这支让人联想到维多利亚时代传统擀面杖的棒子，主要的功用是捣碎像薄荷、香草和柑橘类水果等原料，让香气能够在调制或摇制之前先释放出来。

## 5. 糖浆

真美味！糖浆是用来增加甜度的必备基本材料，基本上就是融化的糖水，它之于调酒师就犹如盐巴之于厨师。糖浆售价不贵（最常见的品牌是法国的Monin，有姜饼或香草等多种口味，许多咖啡店都会用它来制作各种调味咖啡），但它实在太容易制作，还可以用不同的糖来实验。总之，只要用沸水溶解白糖即可，水只需要糖的一半分量，冷却后倒入干净的密封玻璃罐，存放在阴凉处可保存数周。若想要甜度更高的糖浆，不妨试着用德梅拉拉红糖[5]来制作。

## 6. 吧匙

吧匙有很多种用途，最重要的就是替代摇酒壶来调制饮品——对于不需摇荡的饮品，适度地搅拌就足以让材料混合。将吧匙翻过来，从背面注入碳酸类或有气泡的液体，除了能帮助杯中的不同液体混合，这种手法也是制作分层花式调酒的方式。

## 7. 苦精

苦精！它们实在太重要，以至于我们在本书里特别为它留出了一个专属的章节。苦精是用来为鸡尾酒“增添光彩”的，添加一些有趣、不寻常的强烈风味（第212页）。

## 8. 冰块

多数调酒都需要冰镇降温，而冰块就是最好的工具。制作调酒会用到一大堆的冰块：从事先冰镇酒杯、摇荡时摇酒壶里的冰块，到鸡尾酒本身所需的冰块，到这里一杯调酒已经用了三次冰块，这可不是小冰库或单一个宜家制冰盒就能应付的，噢不，你需要一堆制冰盒甚至专门的冰箱，才能装下那些需要冰镇的马天尼杯跟一袋袋的冰块。超市就买得到冰块，如果要大批购买，务必选择用矿泉水制成的。如果想自制，就先去买大量制冰盒，再用矿泉水或煮沸的水制冰。如果胆子够大，可以用冰淇淋桶来制冰，加上一把冰凿，够你享受一整个晚上了！只是，边喝酒精度不低的鸡尾酒边使用冰凿，千万要小心啊，毕竟你只有十根手指头，对吧。

## 9. 削皮刀

许多调酒的制作都需要果皮（这里要提醒一个黄金法则：柠檬是酸，青柠是苦），或其他非食用、可食用的装饰，此时你需要的就是削皮刀，一把基本款的即可。再次提醒，使用利器最好是在三杯酒下肚之前。有些经典鸡尾酒如往日情怀（Old Fash-ioned）会用到樱桃，你可以买罐装的，但请避开那些死甜的劣质品。选用精心腌制的马拉斯奇诺樱桃（maraschino cherry），或更上一层，用格里欧汀樱桃（Griottines，用樱桃白兰地[6]浸渍的樱桃），一小匙就能让任何往日情怀瞬间升级。

## 10. 清洁布

干净的酒吧才会是快乐的酒吧，所以专业的清洁布或是一条好的吧台布是必备的。不妨在后口袋挂一条，看起来超级专业喔。

---

3 编注：Jackson Pollock，美国画家，以其独特的滴画闻名。

4 编注：Free pour，指不用任何测量用具，直接手持酒瓶注入需要的分量到摇酒壶或酒杯里。

5 编注：Demerara sugar，一种不完全精制的粗粒淡色红糖，源自旧称德梅拉拉的美洲制糖国家圭亚那。

6 编注：参见第193页。

RIP
BRO

151
OLD TUB
MONKEY SHOULDER
HUDSON
ELIJAH CRAIG
Four Roses
CHARTREUSE
CHARTREUSE
BEEFEATER
PLYMOUTH GIN
DonJulio
TOUSSAINT
No3
HUDSON

# 金酒 (Gin)

## 一场植物盛会

| 烈酒名称 | 词源/发源地 | 颜色 | 主要生产国家 | 全球热销品牌 | 主要成分 |
|---|---|---|---|---|---|
| Gin。一般认为这个字是从“juniper”或法文“genièvre”或荷兰文“jenever”衍生而来。 | 荷兰。最初是在16世纪末被当做药物使用，到了17世纪才成为大众饮用的烈酒。 | 通常是无色的，某些经过浸泡或合成的金酒会带点色泽，至于十分稀少的桶陈金酒，则会随着时间加深酒色。 | 荷兰、英国、美国、西班牙、印度、菲律宾、法国及德国。 | —Ginebra San Miguel<br>—Larios<br>—Beefeater<br>—Tanqueray<br>—Seagram’s<br>—Gordon’s<br>—Gilbey’s<br>—Blue Richard<br>—Gibson’s | 谷物蒸馏酒，偶尔也有采用葡萄蒸馏酒的。以浸渍或再馏的方式添以杜松子和各式香药草及植物风味。 |

BEEFEATER
24
LONDON DRY GIN
PLYMOUTH
57%
NAVY STRENGTH
HANDCRAFTED

# 金 酒

## 一场植物盛会

金酒是全球最受欢迎的烈酒之一，全世界有饮酒的国家都有它的踪迹，从尼日利亚街头的小袋装金酒，到每年热销2亿瓶的金圣麦格（Ginebra San Miguel，产地菲律宾为其最大消费市场），可见金酒市场之大。像哥顿（Gordon's）、必富达（Beefeater）和添加利（Tanqueray）这样历史悠久的品牌，大约19世纪就已存在，如今更是世界知名品牌，产品快速销往全球各地。

品尝金酒的方法有很多，可以混合汤力水（tonic），也可调制成马天尼（Martini）。不过，金酒这个让全世界的人酩酊大醉的白色烈酒，到底是什么？简单说，金酒是一种蒸馏烈酒，添加了杜松子（juniper berry）以及其他植物或香药草来调味。然而金酒不是只有杜松可谈，产地、生产技术、杜松和其他植物与香料药草的比例，甚至是如今采用的木桶熟成方法……金酒实在是有太多东西等着我们去探索了。

## "LONDON DRY"是种风格，而非产地

就让我们从金酒酒瓶上的"London Dry"（伦敦干型）开始讲起。不同于苏格兰威士忌或是干邑，任何地方都可以生产伦敦干型金酒，因为它是指金酒的生产风格而非产地。在蒸馏或再馏（redistillation）时添加新鲜草本植物和杜松子的金酒，就可以称作"伦敦干型"，也被视为金酒工艺的极致。

为什么说"再馏"呢？因为多数金酒酒厂并非从头开始制作酒精或是烈酒。酒精的生产过程很繁复（第20页），而成就金酒最重要的，在于各家蒸馏厂的独门配方。

传统上，伦敦干型金酒是把含有草本植物和杜松子的混料，一起放入铜制壶式蒸馏器蒸馏。当烈酒向上蒸发时，会把橙皮、甘草、桂皮、可可豆或任何其他添加材料的风味一起带走。

完成蒸馏后，除了会剩下大量液体，还有留在蒸馏器底部的草本植物，这些植物通常另有他用，伦敦城蒸馏厂（City of London Distillery，简称COLD）的首席制酒师就会把这些植物送到当地啤酒厂，他们会把这些植物混入谷物基底（mash bill，指用以酿造或蒸馏的原料混合物）里，用来酿制一款就叫做"Gin"的夏季爱尔啤酒。

并非所有伦敦干型金酒都会把草本植物混料放入壶式蒸馏器的煮沸槽，以孟买蓝宝石金酒（Bombay Sapphire）为例，草本植物被装在篮子里悬挂于蒸馏器上部，让蒸汽通过。

一般认为，这样会制作出风味较清香的金酒，但仍属于伦敦干型金酒的等级。

↓早期金酒是跨越阶级、宗教甚至年龄隔阂的烈酒。
→为了检测品质，伦敦的希普史密斯蒸馏厂会个别蒸馏植物原料。

## 金酒新面孔

现在我们知道，只要蒸馏过程中加入草本植物混料，任何地方都能生产伦敦干型金酒，不过也有金酒是在蒸馏后才添加的。格兰父子公司（William Grant & Sons）在1999年创立的亨利爵士金酒（Hendrick's）是市场上的新面孔，出自苏格兰格拉斯哥南方的格文酒厂（Girvan Distillery）。这支金酒拥有某种独特的风味，包括来自它著名的主要原料——小黄瓜和玫瑰花瓣——的香味，但由于是在蒸馏后才加入，因此亨利爵士金酒无法使用"伦敦干型"的名号。

SIPSMITH
Food Monthly
AWARDS
2010
VODKA
DRY GIN

SIPSMITH

## 橡木桶陈年金酒

金酒属白色烈酒，酒液无色透明，不过有业者在尝试以木桶来陈放金酒。以木桶陈放威士忌和白兰地已行之有年，借此可让木头赋予酒液风味，而某些特基拉则被允许在橡木桶中“休息”（第73页）。木桶陈年的金酒原本在消费市场上十分罕见，直到大厂必富达于2013 年率先推出，其他桶陈金酒厂还包括FEW烈酒（FEW Spirits）及康尼留斯·安普菲斯教授[1]。木桶陈放确实替传统以杜松为基础的金酒增添不同的风味，但是千万注意，长时间熟成也会扼杀金酒细致的香气。

## 关于荷兰勇气[2]

尽管已经是全球知名的饮品，由于金酒瓶上的“伦敦干型”标示（第34 页），人们总是把它跟伦敦联想在一起，其实金酒之于英国，和中国茶一样，是在17世纪才首度从欧洲进口到英国。

金酒的故事始于17世纪初期的荷兰共和国，当时有一种杜松口味的烈酒被当做利尿剂使用。在有人想到把它跟汤力水和冰块调和或配上一片小黄瓜之前，荷兰人早已建造了蒸馏厂来生产杜松风味的烈酒，也孕育了一个至今仍知名的品牌——波士（Bols）。根据记载，波士创建于1575 年的阿姆斯特丹，产品至今仍营销全球，是史上最长寿的蒸馏饮品品牌；波士被归类为genever 或jenever[3] 酒的一种，而不是我们熟知的gin，其显赫的背景与现今充斥酒架上的年轻金酒品牌，简直天壤之别。

→金酒已非昔日粗鄙烈酒，而是以精密的科学方法所制成。

金酒传到伦敦成为人们后来所熟知的样貌，要归功于英国军队。大批英国军队在16世纪晚期进往欧洲驻扎，这些军队在卅年战争（Thrity Years War, 1618-1648）中成为荷兰的盟友，英国部队因而发现并爱上这种非比寻常的风味迷人的烈酒。

当时军人在开战前习惯喝这种杜松风味烈酒壮胆，进而衍生出“荷兰勇气”这个词，现在仍意指做某件事情前需要一些鼓励和勇气。我们发现，截止日期会比一口干掉的烈酒更能激励你继续前进，也相信阁下应该有其他更好的方法，但是对于当时那些可怜的人，另一个选择只有丧命刺刀下。再怎样啜饮一杯都是更好的选项。

战后军队将他们的美酒带回英国，直到17世纪晚期一个荷兰人登上英王宝座，急欲讨好这位荷兰君主的贵族开始饮用这种来自国王家乡的烈酒，再加上生产容易，这种饮品很快就在英国站稳了脚跟。

英国议会在1690年通过了推波助澜的蒸馏法案（Distilling Act），降低了蒸馏的门槛，将这股金酒风潮推上顶峰，到了1694年，任何人只要在生产前十天于厂区外张贴公告，即可进行蒸馏，就是这么简单！智囊团、营销团队通通免了，也没什么边销售边改良这回事，完全就是左手制酒右手卖出。

1 审注：Professor Cornelius Ampleforth。2016 年更名为艾伯弗斯（Ableforth's）。

2 编注：Dutch Courage，有借酒壮胆之意。

3 译注：前者为Gin 原文，后为荷兰语“金酒”之意。

## 5个 金酒小知识

1. 无论用了多少种植物，最主要的风味都必须是杜松子。

2. 伦敦干型金酒并非限定于伦敦生产。

3. 任何金酒品牌里确切的植物配方，通常都是仅有少数人知道的传世秘密。

4. 菲律宾是金酒最大的消费市场。

5. 威廉·霍嘉斯1751年受委托的画作《金酒巷》是一幅充满揶揄、讽刺的宣传画，据说委托人是当时伦敦受金酒冲击惨淡经营的啤酒厂。

### 万劫不复与母亲的终结者

由于自制劣质金酒在18世纪前期带来的社会问题，出现了像是“母亲的终结者”[4]或是“日内瓦夫人”（Madame Geneva）这样带有贬义的昵称。当时金酒价格跌到比啤酒还便宜，让它更为普及，尤其受到穷人的欢迎。据估计，当时每年喝掉的金酒约有4千万升，相当于成年市民每人一年喝掉90瓶！

到了1751年，金酒成为当时最著名艺术作品——威廉·霍嘉斯（William Hogarth）的《金酒巷》（Gin Lane，上图）——的主题。这幅画描绘的是当时伦敦街角的一景，居民遭疾病肆虐，生活在脏乱、饥饿及死亡的阴影中。霍嘉斯以此画与另一幅《啤酒巷》（Beer Street）对比，后者画中的男女愉悦又欢乐，且生机勃勃。

### 如何自制金酒

另外一种生产金酒的方法，是把杜松子直接浸泡在高浓度酒精中，这个过程称为合成（compounding），如果你所在的国家或州的法律允许，这是可以在家自制金酒的一种方式。你只需要自己的独家配方：杜松以及其他植物、香药草、辛香料和中性烈酒[5]（大量生产的伏特

**走向全球的金酒**

随着时间过去，出现了几个如今家喻户晓的金酒品牌：哥顿、普利茅斯（Plymouth）、添加利和必富达。这些大型蒸馏厂能够稳定持续地生产高质量的金酒，并且出口到全球，在诸如美国这样的地区建立主要市场，时至今日仍商机勃勃。

张开双臂欢迎金酒的并非只有伦敦，其他国家像是西班牙、菲律宾（全球最大金酒品牌金圣麦格的故乡），也开始大量消费金酒。

简单地和汤力水调和，或是跟一注干型味美思（vermouth）一起倒入马天尼杯中，金酒是许多简单美味调酒饮品的基酒。从东南亚的新加坡司令（Singapore Sling）到源自意大利的内格罗尼（Negroni），甚至较刚烈的007版马天尼——薇丝帕（第61页）；自调酒文化于19世纪新兴以来，金酒便在其中建立起关键的地位，至今仍屹立不摇。

↑ 蜡封瓶口跟经典款金酒一样，近年来都越发普及。

金汤力[7]一开始研发出来是为了对抗热带地区的疟疾，尤其是在大英帝国扩张殖民的地区，譬如印度，然而这款鸡尾酒高居不下的人气连同调酒的风行，使金酒的魅力历久不衰。

源自欧洲，在伦敦发扬光大，金酒现正要出发前去征服世界。如今金酒正经历某种复兴——从意大利到苏格兰的艾雷岛，全球各地都有新兴金酒出现。伦敦仍旧是金酒重镇，虽然原本只剩下必富达蒸馏厂一家生产商，后来陆续又加入了伦敦城蒸馏厂、希普史密（Sipsmith）、伦敦蒸馏公司（The London Distillery Company），以及泰晤士酒厂（Thames Distiller）。不过，必富达旗下产品数量，仍然轻易就超越上述的几家厂商。

金酒已经证明了自己经得起时间的考验，而且目前看来似乎势不可挡。

加是个不错的选择）。

一旦确认你要用的植物是可食用、不会致命的（又不是在演《荒野生存》[6]），把它们放进窄口大玻璃瓶中，充分浸泡之后再取出来。浸泡时间长短端看个人，总之要密切地用你的眼、鼻、舌去观察浸泡中的酒液，因为不需要太久时间。就这样！你完成了自制金酒。或许卖相不是太好，可能带点奇怪的颜色，还浮着一些植物残渣，不过管他呢，这可是你自制的金酒！

接着用计算机设计自己专属的酒标，酒精浓度就跟当做基酒的浓度一样，然后印出标签，贴在干净的瓶子或果酱罐上。用咖啡滤纸过滤金酒装瓶后，密封盖好放入冰箱冷藏，随时拿出来调制金酒马天尼（见第40 页的酒谱）招待朋友。总之，千万千万不要稀释！在欧洲，酒精浓度要37.5%才能称得上是金酒，在美国则需要40%以上。

4 编注：母亲之殇（Mother's ruin），许多妇女也饮用金酒，因此疏于照顾孩子及家务。

5 编注：中性烈酒（Neutral spirit），相对合成的蒸馏酒而言。

6 编注：荒野生存（*Into the Wild*），改编自乔恩·克拉库尔（Jon Krakauer）1997年的同名著作。

7 编注：金汤力（Gin and Tonic），由金酒及汤力水调制成的鸡尾酒。

# 金酒马天尼的美味指南

## Gin Martini

值得庆幸的是，调制这杯精巧的鸡尾酒所需要的原料跟准备工作都很简单，更棒的是，马天尼最能展现出金酒真正的个性了。三号伦敦干型金酒（No.3 London Dry Gin）永远是我们的首选，它没有那些故作姿态的香料，整体以杜松为核心，佐以小豆蔻（cardamon）、柠檬皮以及些微辛香气息。

1.

将马天尼杯以及所选金酒置于冰箱，由于金酒的酒精浓度很高，毋须担心会结冻，低温反而能够让它展现出糖浆般的迷人质地。预冷杯子跟金酒代表你的朋友即将品尝到的，是前所未有的美味。

2.

差不多要端出饮料了。先用一点干型味美思把酒杯内壁洗过一圈，再倒入至少50ml（2份）冰镇过的金酒。你也可以先把金酒跟味美思混合，加入冰块搅拌，再注入事先冰镇过的马天尼杯。反正千万不要用摇荡的，那还是留给邦德就好了。

3.

放上几颗橄榄来增添油润感，或是跟我们一样，一条清新的柠檬皮卷。

4.

最后，一定要找代驾或打车！相信我，若是提供了一杯以上给你的宾客喝，一定会用得上。

# 关于汤力水中的四大天王

## 相信你我都有过相同的经验：接近傍晚的午后，抛开工作，湛蓝依旧的天空衬着炽热的阳光，灼得大地一片炙热滚烫……

躺在一片满是太阳气息的草地上，膝上盖着书，脚边散着今天报纸的，正是你。当你望着这片光景，突然渴望来点沁凉有劲的玩意儿，此时能够合你所需的饮品，正是一杯金汤力。

本书除了希望帮助你更了解烈酒，也提供主流大厂牌之外的更多选择。不过，说到金汤力，就像是约翰·列侬和保罗·麦卡尼那样紧密的伙伴关系。金酒和汤力水分别是很出色的品种，但结合在一起更是令人惊艳的完美。

既然是伙伴关系，当你想要调金汤力时，就不能只想着要用哪一款金酒，一定要把汤力水的风格和成品整体呈现考虑进去。有多少次你把没喝完的汤力水冰回冰箱，它的劲道和神采都被消磨殆尽，只能调制平庸无趣的次级品？如果这种情况似曾相识，不妨考虑以下建议：抛开常买的一升装，改买小罐装或小瓶装的。如此一来，除了能不断地享用年轻有活力的汤力水，也不用再听放了一周再开瓶时令人沮丧的漏气声。

让我们回头聊聊关于汤力水的质量。过去十年汤力水的市场蓬勃发展，让全球消费者除了旧有的品种，还有更多优质汤力水的选择，金汤力也是如此。在此介绍几款值得去找寻的汤力水品牌，它们最能表现这款经典调酒：

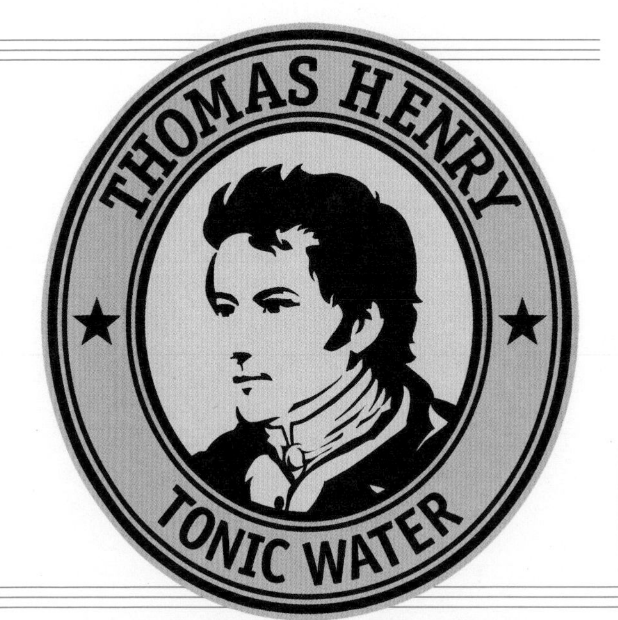


←闷热难耐？多亏托马斯·亨利（Thomas Henry）发明了碳酸饮料。

## 汤力水的四大天王

### 芬迪曼FENTIMANS

芬迪曼含奎宁粉和来自亚洲的香茅，蔗糖提供甜味，赋予这款汤力水较天然的风味。

### 1724

来自奎宁发源地的安地斯山脉（准确来说是1724米），是一款阳刚的木质系汤力水，适合跟浓烈、强劲的金酒调和出风味醇厚的饮品。

### 芬味树FEVER TREE

有别于主流品牌，FEVER TREE大幅降低了甜度，利用天然成分带来的锐利涩味，赋予你的金汤力纯粹正统的风味。

### 托马斯·亨利THOMAS HENRY

如同FEVER TREE，这款汤力水含有奎宁的天然苦味，是风味强劲、不妥协的汤力水。

# 草本植物与其特性

制作金酒时，关键是以植物为媒介添加风味，不过，要怎么做才能够让它不至于变成杜松果汁，又怎么知道哪些植物会赋予我们在寻找的风味？所有金酒蒸馏商都有各自秘而不宣的秘方，有些可能是自家后花园的香药草和辛香料，有些则是来自遥远的他乡。

## 杜松子，带刺的那种

杜松子这个关键成分，是个古怪的小恶魔。它只有天然野生的，无法人工种植，因而成了金酒蒸馏商最无法掌握的变因。杜松子以意大利托斯卡尼产为大宗，当地人在约莫十月时采收杜松树丛——以木棍敲击满是锐刺的树枝，收集落掉的浆果。收成的过程是一场硬战，因为每一根树枝上头同时生长着三个年份的果实，意味着如果敲打树枝的力道过大，就会打落还在生长的明年甚至是后年的果实，而如果直接截断树枝，不但会失去整段分枝，明年的浆果也没了。没有浆果就没有金酒，应该没人想听到这个噩耗吧。

每一批杜松子的香气特性都不同，必富达蒸馏厂每年都从500批杜松子中品试，最后仅挑选5批使用。

至于其他金酒生产中使用的重要植物配方，请参考下一页的金酒植物风味图。

↑ 所有金酒的核心，带刺的灵魂——杜松子。

# 金酒草本植物风味图

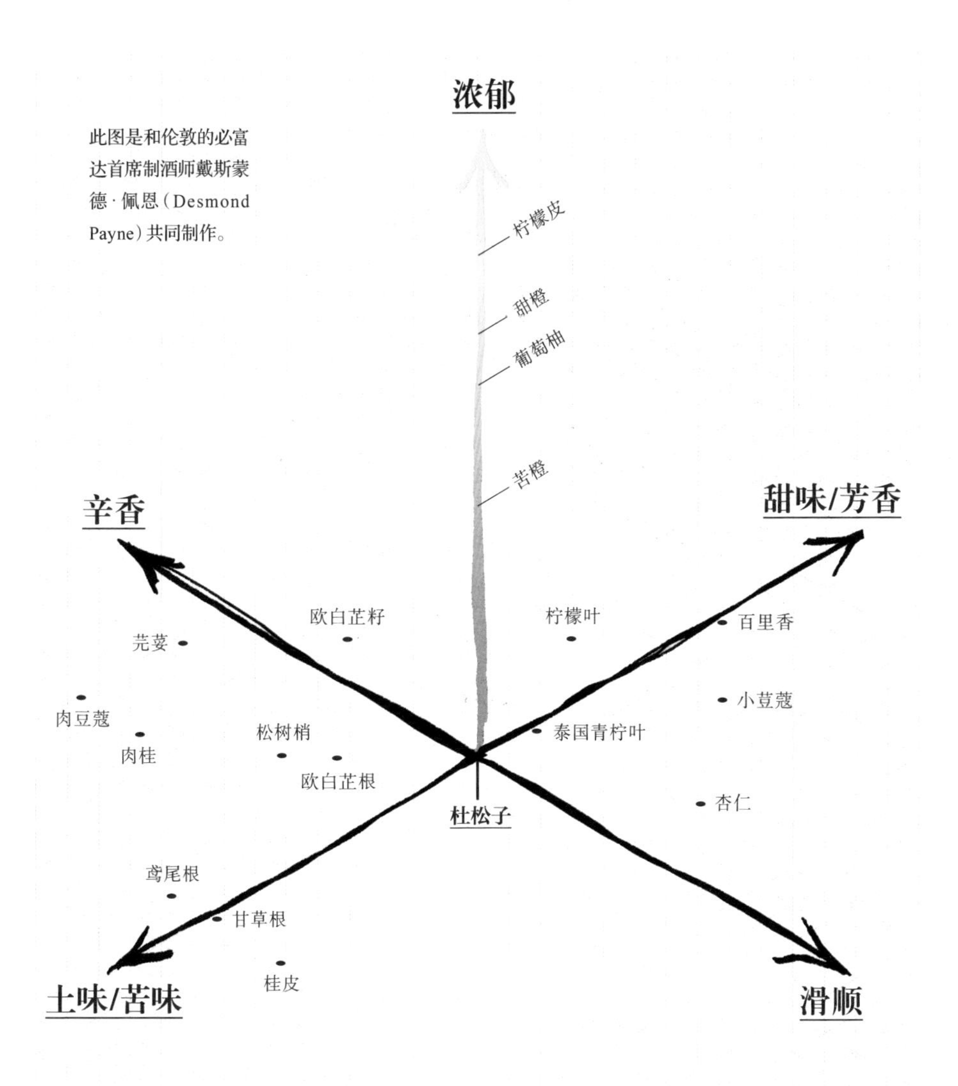
浓郁
此图是和伦敦的必富达首席制酒师戴斯蒙德·佩恩（Desmond Payne）共同制作。
柠檬皮
甜橙
葡萄柚
苦橙
辛香
甜味/芳香
欧白芷籽
柠檬叶
芫荽
百里香
肉豆蔻
小豆蔻
肉桂
松树梢
泰国青柠叶
欧白芷根
杜松子
杏仁
鸢尾根
甘草根
桂皮
土味/苦味
滑顺

## 行家会客室

» 伊恩·哈特（Ian Hart）

**伦敦海格（Highgate）｜神圣酒厂（Sacred Distillery）**

伊恩·哈特所生产的金酒别具一格，他的微型蒸馏厂也十分特别，居然就在北伦敦海格区自宅的餐厅里！想必哈特家时刻都适合畅饮一口金酒吧。

**蒸馏厂名字的由来是……?**

“神圣金酒(Sacred Gin)和伦敦干型伏特加(London Dry Vodka)是我们的代表商品,里头都含有微量的顶级乳香,而乳香的拉丁文是‘Boswellia sacra’。这是为了向早期的伦敦干型金酒致意,当时因为杜松产量不是那么充足,会把松树或橡木等木材混充杜松,不过乳香的树脂气息也让杜松更趋完美。”

**可否简短说明与其他蒸馏厂不同的生产方式?**

“每一种有机的植物配方,包括整颗新鲜的柑橘类水果,都分别浸泡在酒精浓度50%的英国小麦中性烈酒(English wheat spirit),杜绝所有空气接触4至6周的时间,如此漫长的时间让材料各自的特性得以保留住。不过,有别于传统壶式蒸馏,这些植物是置于真空的玻璃容器中进行。减压蒸馏意味着玻璃容器中的空气会被帮浦抽光,使容器内部的压力下降,蒸馏得以在比壶式蒸馏(185摄氏度至203摄氏度)还低的温度(95摄氏度至113摄氏度)下进行。

由于减压蒸馏的温度比传统壶式蒸馏低非常多,蒸馏液会比较鲜嫩、丰润,就像高温熬制的果酱跟新鲜切片水果的差异。接下来要混合草本蒸馏液,装瓶成鲜亮、口感近乎绵密、有着完美平衡独树一格的神圣金酒。”

**你制作新式烈酒的核心理念是什么?**

“我们有70至80种不同的植物原酒可供实验,我们永远都在尝试,但是真正上市的,都是能配合既有商品的。比如在已有神圣金酒跟神圣香料英国味美思(Sacred Spiced English Vermouth)的情况下,如果我们生产一款英国版的金巴利(Campari),就可以调制一杯神圣内格罗尼[8]了!结果就是,我们研发出神圣玫瑰果杯(Sacred-Rosehip Cup),完全使用天然素材且无人工色素,比金巴利更满溢水果香气,却较无苦味,可调制出迷人的内格罗尼。”

**成立蒸馏厂后最大的发现是什么?**

“用过的小豆蔻荚和八角是很棒的花床护根物!”

**酒厂的下一步是…?**

“循序渐进地增加产能。我们在海格的房子还有许多空间,还不到要搬家的程度。”

**请以三个(英文)字形容神圣金酒。**

“杰出的自制烈酒(Brillantly-homemade spirit)。”

8 译注:内格罗尼Negroni,一款以金酒、甜味美思和金巴利调制的鸡尾酒。

# 10款 必试金酒

特色鲜明的草本植物赋予每一款金酒独特、高辨识度的香气DNA，当今的金酒市场已成为香气竞逐之地。尽管许多知名品牌使用“伦敦干型”的标识，但是并没有法律规定产地一定要在伦敦，加上工艺金酒蒸馏厂的狂潮正席卷中欧和北美，从澳洲到赫布里底群岛[9]，不难发现金酒已成为一门显学。

每批的产量仅约120瓶，散发柳橙、柠檬和百里香的气息，以及最重要的杜松子调性。

**» Plymouth Gin**

**41.2% 英国 · 普利茅斯**

这是受到法律保护的法定产区金酒，如同法国的香槟、意大利的帕玛森火腿，以及英国的梅尔顿莫布雷猪肉馅饼。黑修士酒厂（Black Friars Distillery）自1793 年起便生产这款酒，是杜松风味厚实的典型金酒，带有土壤、木质系植物味，以及清新的柑橘类前味。

**» Sacred Gin**

**40% 英国 · 伦敦**

伊恩·哈特把蒸馏厂就设在位于北伦敦海格区的自家厨房中，用看起来很科幻的玻璃蒸馏器进行真空蒸馏。这款酒混合了12 种植物：杜松、柳橙、青柠、柠檬皮、小豆蔻，以及不寻常的乳香。它非常干爽，有着土壤味跟温暖的辛香料气息，明显的乳香赋予它鲜明又与众不同的个性。

### » Few American Barrel Aged Gin

**46.5% 美国 · 芝加哥**

芝加哥一家极小型蒸馏厂小批次生产的酒款。有别于以中性烈酒为基底的其他蒸馏厂，FEW使用的是风味饱满的自制谷物烈酒，生产出伦敦干型的金酒后，再于美国橡木新桶和旧桶中熟成。

### » Monkey 47 Schwarzwald Dry Gin

**47% 德国**

尽管每批产量极小，却极受欢迎。这款产自德国黑森林的酒如其名，采用包括蔓越莓及云杉芽的47种草本植物。不管能否分辨出所有草本植物，我们都十分欣赏它虽然复杂却融合得完美，丝毫不会掩盖杜松的主调

### » Gin Mare Meditarranean Gin

**42.7% 西班牙**

采用大批地中海的植物，是咸香型（savoury）金酒的先驱之一。强劲的迷迭香/橄榄咸味加上锐利的柠檬皮气息，与入喉后感受到的小豆蔻、迷迭香和芬芳的香气完美平衡。这款大胆的金酒能调制出风味十足又独特的马天尼。

### » Sipsmith London Dry Gin

**41.6% 英国 · 伦敦**

西普史密斯不但是引领伦敦新兴微型蒸馏厂风潮的先锋，其造型优美别名“审”（Prudence）的铜制壶式蒸馏器，仍旧生产着纯粹、干净、强调杜松的经典金酒。前味是分明的花香甜味，接着是香料/柑橘的香气，最后是大量柳橙及木质辛香味的丰郁绵密尾韵。

### » Beefeater Burrough's Reserve Rested Oak Gin

**43% 英国 · 伦敦**

必富达算得上是伦敦最具代表性的金酒。蒸馏大师（Master Distiller）戴斯蒙德 · 佩恩有金酒教父之称，他就像旺卡10一样在蒸馏厂里研发新产品。近期的产品是在丽叶味美思（Lillet Vermouth）桶中熟成，基底烈酒来自仅268升容量（对任何蒸馏厂、精品专卖店来说都算小）的蒸馏器。这款金酒带点辛香料、香草、甘草及椰子的气息。

### » The Botanist Islay Dry Gin

**46% 苏格兰 · 艾雷岛**

因单一麦芽泥煤威士忌闻名的艾雷岛布赫拉迪酒厂（Bruichladdich Distillery）买了一座金酒蒸馏器，取名为丑女贝蒂（Ugly Betty），用来生产这款复杂度极高的金酒。蒸馏的31种植物中，有22种采自当地，像是香杨梅（myrtle）、石楠（heather）、荆豆花（gorse ower）等，赋予这款酒显著的花香气息，衬着典型的干爽杜松调，和入喉后独特的绵密感。

### » The West Winds Gin The Cutlass

**50% 澳洲**

身为传统烈酒初生之犊的澳洲威士忌能够横扫全球各大奖项，想必澳洲人应该也能生产杰出的小批次金酒吧！采用西澳当地的风味，像是灌木番茄（bush tomato）、金合欢籽（wattle seed），这款产自邻近柏斯玛格丽特河区域的金酒，口感饱满且稍带咸味，底蕴则是微妙细致的杜松。

### » No. 3 London Dry Gin

**46% 荷兰**

座落在梅费尔区圣詹姆士街3号的贝瑞兄弟与路德（Berry Bros & Rudd），是伦敦最古老的酒商，这支酒就是专为他们调配的。它呈现出金酒的简约与传统，是向金酒发源地荷兰的致敬。整体以杜松为重，伴随着浓郁的小豆蔻香气及些微柠檬皮香，极简又有劲道，非常适合调制顶级马天尼，是我们心目中绝对的经典。

---

9 译注：赫布里底群岛Hebridean islands，位于苏格兰外海。

10 编注：《查理与巧克力工厂》（Charlie and the Chocolate Factory）中，古怪的巧克力工厂主人威利 · 旺卡（Willy Wonka）。

# 伏特加（Vodka）

## 完美的调酒基酒

| 烈酒名称 | 词源/发源地 | 颜色 | 主要生产国家 | 全球热销品牌 | 主要成分 |
| --- | --- | --- | --- | --- | --- |
| Vodka。波兰文“wódka”，俄文“водка”。 | 俄罗斯和波兰都宣称早在8世纪或9世纪就开始生产伏特加。 | 清澈透明。 | 伏特加带（Vodka Belt）涵盖了俄罗斯、乌克兰、白俄罗斯、北欧地区及波兰，通常也包括德国北部及部分东欧地区，加上生产知名品牌思美洛的美国与英国。 | —Smirnoff<br>—Absolut<br>—Belenkaya<br>—Pyat Ozer<br>—Krupnik<br>—Grey Goose | 传统的伏特加必须是以马铃薯、谷物及糖蜜制成，但在伏特加战争及随后的“施内尔哈特协议”之后，若是以其他原料制成，就必须明确标示在酒标上。 |

SMIRNOFF

babička
ORIGINAL
WORMWOOD
VODKA
Premium Czech Vodka
Distilled with Artemisia Absinthium
40% alc
700ml
Ketel One
CITROEN
INSPIRED BY SMALL
IMPORTED
BELVEDERE
VODKA
(PRODUCT)
EXPORT
RUSSIAN VODKA
FINEST
QUALITY

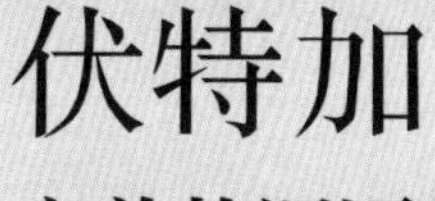

# 伏特加

## 完美的调酒基酒

聊到蒸馏饮品，许多人的初体验都是伏特加。作为完美的调酒基酒，伏特加通常被用来替饮料增添劲道：在可乐、苹果汁或姜汁汽水里加一份伏特加，不过是探索烈酒这幢摩天大楼的开始而已。

伏特加是种纯粹的烈酒，优质的伏特加更是用途广泛，无论是直接一口吞下或缓饮细品的调酒，都可以跟伏特加水乳交融。它可以浸泡其他素材或调味，拿去蒸馏一次、两次或无数次都行，说它是所有蒸馏饮品当中弹性最大、可塑性最高的也不为过。

源自东欧，现已广布世界，各地都在制造的伏特加，是许多鸡尾酒的好伙伴，全球销售数字即为最好的证明。有加味烈酒（如金酒）及浸渍伏特加随侍在侧，伏特加已经准备好从东欧总部出发，毫无畏惧地杀入战场，在饮品王国中攻城略地。从品牌来看，在最前方摇旗呐喊的队伍是斯米诺（Smirnoff），全球年销量超过2 400万箱，是全球销量排名第二的烈酒品牌。

## 纯净与个性

那些恶意中伤伏特加的，通常都是经过熟成的棕色烈酒或风味强劲的蒸馏饮品拥护者。究竟为何如此普及的烈酒会在酒业饱受抨击，答案很简单，就是“纯粹”。

若论伏特加最单纯的形式，就是蒸馏的烈酒；提高伏特加的纯度在近年来蔚为风潮，酒类专家普遍认为，这么做会导致伏特加缺乏个性及风味，事实上，正是这种纯粹或无暇，既是伏特加的优势（全能性）也是劣势（缺乏强烈的风味）。

随着极度纯净伏特加酒款一同兴起的，还有许多小型酒厂生产的创新改良酒款，包括以水柔化伏特加，以及更加重视原料，这类创新让诸如诗洛珂（Cîroc）这样的品牌得以在市场上立足（第56页），他们宣称以葡萄作为原料，并且经过五次蒸馏。

这种创新为伏特加开启了全新的领域，让某些品牌得以推出前所未见的顶级版高价伏特加。尽管“纯净度”是正面的营销诉

↓一口干尽伏特加，是许多人的烈酒初体验。

求，实际上蒸馏、纯化的次数越多，被剥去的个性和风味也越多，因此在本书中，我们寻找的是那些能够同时呈现个性和故事的品牌及酒款。

## 纯粹蒸馏

伏特加是市场上制程最简单的烈酒之一。不像苏格兰单一麦芽威士忌或特基拉（前者必须以大麦麦芽所酿造的啤酒来蒸馏，后者则是以蓝色龙舌兰制成），任何农作物酿造的酒液都可以拿来蒸馏成伏特加：小麦或其他谷物、马铃薯，甚至起司（第65页）都可以。一旦完成蒸馏，就会立即装瓶成未经熟成的纯净白色烈酒。然而，并非所有未经熟成的高度纯化烈酒都能称作伏特加，其中的差别关键就在于，伏特加是真正的“纯烈酒”。

这种纯烈酒系由萃取出的淀粉和糖分转化为酒精而成。以马铃薯为例，就跟谷物的发酵过程一样，先要把隐藏在马铃薯中的大量淀粉洗出。把马铃薯煮过头的人都知道，煮马铃薯的水会变得糊糊灰灰的，对于料理，这或许不是理想的结果，却正是制作伏特加不可或缺的。

一旦洗出马铃薯的淀粉，开始发酵之后，剩下要做的就是蒸馏，并将伏特加纯化到想要的程度——可以是极为干净爽冽，或是留下部分基础原料的风味。

↑澄澈、带劲、纯粹：当今的一线伏特加酒都是在精心规划、设计的厂房中生产。

# 追溯伏特加源头

有些烈酒要追本溯源很容易，比如苏格兰的苏格兰威士忌、加勒比海的朗姆酒，或是葡萄牙的波特酒，许多烈酒与民族起源密不可分，而另一些则是有明确的起源点。

几个世纪以来伏特加都被公认为最纯净的烈酒，但是这个销售遍布全球饮品的源头及历史意义至今依旧扑朔迷离。虽然伏特加确切的源头仍然成谜，却在多个东欧国家过去几百年的历史文化中，具有高度的象征地位：它不但是许多神话的重要元素，还形成政治冲突的核心，甚至让全世界不知多少特务酒后吐真言。

如今，伏特加在所有烈酒销量中占了大约20%，是全球市占率最高的烈酒。

要从全球观点来详述伏特加的历史是很累人的过程，因此我们聚焦在众所周知的“伏特加带”（Vodka Belt），也就是跨越欧洲东北到斯堪的纳维亚半岛农业国家的产区上。

## 伏特加战争揭露的事

近期关于伏特加正统性的争议吵上了欧盟法庭两次，正好凸显出这种烈酒在过去几世纪的关键议题。

一开始的争议，是关于谁有权利宣称自己是发源国。当苏联和波兰在20世纪70年代各自引述历史文献来支持自己的正统性，争夺在酒标上标示“伏特加”的专属权，事情至此进入白热化。这场纷争最终以和局作收——虽然双方都提出具说服力的证据，却没有任何法规成为定论。

二十年后，由于欧盟委员会针对不同伏特加种类提出法案，使得伏特加带的成员国群起主张，只有以马铃薯、谷物、糖蜜为原料制作的烈酒，才有资格冠上“伏特加”的名号。引发这次口水大战的是名为诗洛珂的新品牌，它以葡萄为原料，制作出与传统伏特加迥然不同却更甜更滑顺的伏特加。

在伏特加生产初期的八九世纪，蒸馏出的烈酒通常都粗糙不纯净，闻起来气味不佳，更遑论味道。为了改善这些不讨喜的特性，通常会浸入香药草来调味，做成比较可口的药用酊剂。

到了16世纪末，根据可用的收

←焦点人物：波兰的马铃薯农夫。

↑时刻都有新式伏特加（通常有加味）及新品牌出现，比如法国的诗洛珂。

成，以不同谷物和马铃薯制成的伏特加已经是东欧地区广泛饮用的饮品。现今常见以单一谷物来生产伏特加，在过去则是使用多种基底原料。传统认为，与使用较昂贵的小麦或黑麦的基底相比，用马铃薯和甜菜组成的基底虽然便宜，质量也比较差。

诗洛珂就是因此而引发争议。伏特加带成员国认为，这款烈酒不应与他们的产品一样标示为“伏特加”，因为它的原料是葡萄，而不是由谷物、糖蜜或马铃薯蒸馏而成！由于其他伏特加生产国希望能够放宽伏特加的

定义规范，德国政治家霍斯特·施内尔哈特（Horst Schnellhardt）提出了一个妥协的解决方式：凡不是以马铃薯、谷物、糖蜜这三种原料制成的伏特加，必须在酒标上注明“○○制成的伏特加”。

因此“施内尔哈特协议”（Schnellhardt Compromise）的重要性在于，此后全球各地消费者能明辨所购买的伏特加的血统，更重要的是，借此传递伏特加知识给消费链当中最重要的人——你。

# 伏特加

## 对调酒的贡献

风味就是鸡尾酒的一切！如果你从来没有调过鸡尾酒，别担心，只需要找一些可口的软性饮料调入微量酒精即可。最佳的代表就是——潘趣（punch）。

## 潘　趣

许多鸡尾酒，特别是那些装盛在浅碟香槟杯或马天尼杯的，常被高高举起欣赏着，就像安在基座上供人敬仰的艺术作品。另一方面，潘趣则是像鸡尾酒营火，把大伙热络地聚在一块儿，替话题增温，是绝佳的社交场合润滑剂。此外，它也是替烈酒柜大扫除的好工具！相信你的酒柜深处总有几瓶一时冲动购入或是还不太懂酒朋友送的礼物。没关系，只要有最重要的材料——伏特加，这些都可以拿来调制潘趣！

伏特加赋予潘趣酒精劲道，是任何一种美味潘趣的骨干，还可以像胶布一样，将不同口味的果汁及酒精饮品调和起来，进而调配出你的专属夜晚特调。

调制美味潘趣的规则很简单：

* 从橱柜中随意地挑选一瓶烈酒。
* 加入果汁、冰块、柳橙片、苹果、草莓或任何当季水果。边加边试味道，如果觉得哪里不够，就追加冰块和果汁。
* 倒入伏特加。
* 如果外头很冷，别忘了加热你的潘趣。然后，美味疗愈的酒精饮料就大功告成啦！

# 经典双人组：骡子及马天尼

The Mule & the Martini

伏特加早已是多款经典鸡尾酒的基酒，比如在金酒的章节中我们提过的马天尼，虽然因为作者的偏好，讲的是金酒版的，但是用伏特加也完全没问题喔。另外，在小说及同名电影《007：大战皇家赌场》（Casino Royale）中，伊恩·弗莱明（Ian Fleming）笔下的邦德自创了以金酒和伏特加为基酒的硬汉版（调酒师完成后，邦德才说用谷物酿制的伏特加会比较好），并且以随后出现的女主角名字命名为“薇丝帕”。

薇丝帕的调酒比例是：三份金酒（哥顿金酒）、一份伏特加，以及半份的基纳丽叶开胃酒（Kina Lillet，应该是目前最佳的以葡萄酒为基底的开胃酒，用来增加些微甜味）。以三种酒品调制而成的这款重量级鸡尾酒，让这位英国特务随时都能整装待发执行任务。

骡子（The Mule，左图）是一种以姜汁啤酒为主要材料的鸡尾酒。在骡子系列调酒中，就属莫斯科骡子（Moscow Mule）最为人知；从字面上大概能猜到，它是以姜汁啤酒、两份伏特加及新鲜青柠调制，盛在装了冰块的高杯中饮用。这款轻松又简单的鸡尾酒在炎炎夏日特别受欢迎，除此之外，它也是进入伏特加世界的敲门砖。

# 行家会客室

» 丹 · 艾克罗伊德（Dan Aykroyd）

**加拿大纽芬兰（Newfoundland）| 水晶骷髅头伏特加（Crystal Head Vodka）**

从抓鬼专家[1]到烈酒生产商，加拿大裔知名演员丹·艾克罗伊德于2008 年推出了自己的伏特加品牌，独特的酒瓶设计灵感来自玛雅的阿兹特克水晶骷髅头。如同丹透露的，这款伏特加喝起来令人惊叹……

**水晶骷髅设计的缘由?**

"我之所以会成为烈酒生产者,肇因于在艺术家友人约翰·亚历山大家中度过的寒冷冬夜。当时我们正聊着葡萄酒、特基拉、朗姆酒、伏特加以及其他的酒类,我们都很喜欢富兰葛利(Frangelico)的酒瓶(仿传教士的外形设计,腰际上还绕着一条白绳),所以当约翰提议头骨外形的瓶子时,我非常赞同,没想到他居然只花了两分钟就画出设计图。这颗以玛雅/阿兹特克/纳瓦霍为灵感想出来的头颅,已经销售超过200万瓶了!"

**你认为自己是伏特加行家还是狂热分子?**

"我是狂热分子。我们确实学到劣质伏特加是怎么做出来的,但水晶骷髅的质量绝对有保证,因为我们不用那些传统的添加物,像是乙二醇、柑橘油和粗糖[2]这些乱七八糟的东西,怎么能加到我们神秘超凡的伏特加里!"

**你看起来是爱喝罗伊德最推荐的水晶骷髅鸡尾酒是……?**

"其实我最爱用冰过的一口杯直接喝,或是用威士忌杯纯饮冰镇的无酒精马天尼[3]。"

**难题来了。你希望别人记得你是魔鬼克星,还是优质超凡烈酒品牌的创办人?**

"抓鬼专家的形象会比较持久,不过水晶骷髅头伏特加会是比《超能敢死队》更有人气的商品。"请以三个(英文)字来描述你目前的心境。"墨水(ink),分子(molecules),纸(paper)。"

1 编注:艾克罗伊德曾在电影《超能敢死队》(Ghostbusters)中扮演抓鬼专家。

2 编注:Raw sugar,是甘蔗经过处理后的产物,可用来提取糖蜜及精炼成糖,风味类似黑糖。

3 审注:Virgin Martini,由冰水和装饰用的橄榄或柠檬皮组成。

# »10款必试伏特加

伏特加是相当有意思的烈酒，时常蒸馏到毫无风味可言的地步，可以跟瓶装水并称为商品营销的两个绝佳案例。不过并非所有伏特加都是一个样，我们在这里看到的不单只是成功的营销案例（有人想尝尝起司伏特加吗？），更是瓶子里的风味。

## » Chase Smoked English Oak Vodka

**40% 英国 · 禧福郡（Herefordshire）**

卖掉薯片品牌Tyrrells后，创立品牌的Chase家族在自家农场盖起了蒸馏厂，为原本用来制作薯片的大量马铃薯找到最佳的出路。威廉 · 蔡斯（William Chase）专注生产以马铃薯为原料，干净、爽冽的伏特加，这款烟熏版的美妙烟熏味来自英国橡木，比起伏特加，风味上更偏向梅兹卡尔酒（第74页）。

## » Potocki Vodka

**40% 波兰**

有这样的历史及传承，这款酒完全不需要任何行销加持——最早的原始生产检验文件可追溯到公元1784年，堪称最具历史的蒸馏厂之一。如今酒厂以裸麦为原料，于玻摩斯万索（Polmos Łańcut）蒸馏厂经二次蒸馏后，为了保留风味劲道和它经典的泥土气息尾韵，稍微过滤即装瓶。是一款不但有深厚的历史，质量及稳定性也上乘的必试酒款。

### » Crystal Head Vodka
**40% 加拿大**

由喜剧泰斗丹·艾克罗伊德打造的伏特加，其独特吸睛的酒瓶设计不仅伏特加圈，连烈酒业界都为之惊艳！瓶身由布鲁尼玻璃（Bruni Glass）在意大利精心打造，酒液则经四次蒸馏后渗过双尖水晶（或称赫基蒙钻石〔Herkimer diamonds〕），隐隐的矿石味为这款纯净的伏特加添加深度。

### » Reyka Vodka
**40% 冰岛**

雷克（Reyka）是冰岛第一座生产伏特加的酒厂，以小麦及大麦为原料，用珍稀的传统铜制马车头蒸馏器进行小批次（890升）生产。酒厂位于冰岛西南端的博尔加内斯（Borgarnes），是以生产威士忌闻名的格兰父子公司在2005年所创建。装瓶前会经当地的火山熔岩滤过，酒液芳香又轻盈且微带香草气息。

### » Black Cow Pure Milk Vodka
**40% 英国·多塞特郡（Dorset）**

多塞特郡的奶酪生产者（没错，是奶酪）杰森·鲍伯（Jason Barber）为了生产获奖肯定的顶级奶酪，将当地乳牛牛奶分离成酪蛋白和乳清，前者被拿来制作起司，那乳清到哪去了？他用一种特别的酵母把乳清发酵成牛奶啤酒后，再蒸馏成伏特加！此酒口感绵密又清甜，格外让人温暖。唯一有错，俄罗斯！英国酪农杀过来了。

### » Vestal Kaszebe Vodka
**40% 波兰**

凭借父亲在葡萄酒产业的多年资历，约翰和威廉·博雷尔（John & William Borrell）父子档于波兰创立了维斯塔酒厂，他们钻研年份及风土，试图勾勒出不同地区、生长环境的各种马铃薯品种对风味的影响。这款伏特加正是以Kaszebe地区的Vineta马铃薯蒸馏而成，另外还有一款以谷物为原料的酒款。

### » Sipsmith Barley Vodka
**40% 英国·伦敦**

希普史密斯公司2009年于西伦敦成立了一个小型据点，和必富达一样，是伦敦城内少数（事实上是两个世纪以来的第一家）采用铜制壶式蒸馏器的酒厂。这款大麦伏特加推出以后广受好评，以容量300升的蒸馏器蒸馏，再以泰晤士河源头之一的泉水稀释后装瓶，带有香料坚果风味，是伏特加中的英伦玫瑰。

### » Hanson Of Sonoma Organic Vodka
**40% 美国·加州**

来自美国的新品牌Hanson跟诗洛珂一样，生产以葡萄为原料的伏特加。这个家族经营的蒸馏厂位于加州知名葡萄酒乡，小批次生产不同风味的酒款，像是小黄瓜、葡萄、橘子等口味。酒液纯净带果香，口感滑顺饱满。

### » Pur Vodka
**40% 加拿大·魁北克**

邻近俄罗斯的加拿大，让人直接联想到的绝不是伏特加，而是枫糖浆和拱廊之火[4]，然而精酿风潮兴起后，微型蒸馏厂纷纷于知名的大型威士忌蒸馏厂周遭争相涌现。制作这款伏特加用的水源来自魁北克北方，经当地花岗石自然过滤是风味爽冽怡人的伏特加新贵，绝对值得酒迷们寻觅。

4 译注：Arcade Fire，加拿大独立摇滚乐团。

### » Purity Vodka
**40% 瑞典**

瑞典众多伏特加品牌中，最知名的可说是绝对（Absolut），而“晶钻”（Purity）则被视为瑞典甚至全球顶尖伏特加之一。瑞典南部的埃林根堡酒厂（Ellinge Castle Distillery），首席调酒师托马斯·库达南（Thomas Kuuttanen）将作为原料的小麦及大麦精心调配后，以金、铜材质的蒸馏器进行多达34次的蒸馏，成就这款口感滑顺油润充满矿石风味的伏特加，绝对不能错过！

# 特基拉（Tequila）

## 种类繁多的龙舌兰大家族

| 烈酒名称 | 词源 / 发源地 | 颜色 | 主要生产国家 | 全球热销品牌 | 主要成分 |
|---|---|---|---|---|---|
| Tequila。名称源自墨西哥大城瓜达拉哈拉西北方的小镇特基拉（Tequila）。 | 墨西哥。尽管阿兹特克人可能在更早以前就以龙舌兰制酒，根据文献，首先在16世纪中叶用龙舌兰蒸馏出初始特基拉的，却是西班牙征服者。 | 特基拉的品类繁多，外观清澈且未陈年的白色特基拉、淡金黄色的陈年特基拉，以及澄金色的陈年特基拉都有，某些特级陈年特基拉的颜色会更加金黄馥郁。 | 墨西哥。五个可合法酿造特基拉的州：哈利斯科、瓜纳华托部分地区、塔毛利帕斯、米却肯，及纳亚里特。 | —豪帅快活 Jose Cuervo<br>—奥美加Olmeca<br>—潇洒Sauza<br>—卡波瓦波 Cabo Wabo<br>—唐胡里奥 Don Julio<br>—培恩Patron<br>—雷博士 Pepe Lopez<br>—赫拉多拉 Herradura | 首先将龙舌兰（一种墨西哥原生的多肉植物）加以烹煮，煮出的汁液放入铜或不锈钢蒸馏器中发酵及蒸馏。有些等级的特基拉随后会会置入橡木桶中陈年。 |

HERRADURA
TEQUILA ORIGINAL
Mezcal
SAN COSME
hecho en
OAXACA
MEXICO
SINGLE ESTATE
TEQUILA OCHO
AÑEJO
HECHO EN MEXICO
2007
DonJulio
PLATINO
OLMECA ALTOS

# 特基拉

## 种类繁多的龙舌兰大家族

一杯，两杯，三杯特基拉……倒地！

原谅我忍不住喊出这句话来，你可能在一些宽松褪色的T恤上看过这句话，这些人真不该这样大剌剌地用服饰来公开自己的饮酒习惯。不过既然你都已经读到这儿了（已经很多页了呢），我们也就不避讳地跟你坦白吧：在不久之前，特基拉对我们两个来说，还被视作是“那个不能说出名字的酒”。我的意思是，几乎每个成年人在生命的某个时期都曾纵情沉溺于某种烈酒，造成日后（甚至是数十年后）只要稍微闻到味道，都会让人血脉贲张、脾胃翻腾。不过本书的宗旨即是希望你从错误中学习，发掘有关烈酒具教育涵养及知识的那一面。我们很幸运在几年前遇见一位绅士酒保，他彻底治好了我们狂饮这种墨西哥代表性烈酒的脱序行为。我们学到一件事：门可以用力甩，特基拉可别大力灌。

←在橡木桶中温和地陈年这个过程，对于轻熟和陈年特基拉而言至关重要。

↘切割龙舌兰心：龙舌兰烹煮、发酵、蒸馏前的准备工作。

## 重新审视的时候

特基拉是一种千变万化的酒类，不管是以品酒杯细细啜饮，还是调成咸味的鸡尾酒血腥玛丽，都能感受那滑顺芬芳的层次。从某方面来讲，大众一直以来都对它持有偏见，认为它不过是呛辣暖身的一口酒，只适合配着青柠片及一小撮盐一饮而尽。但这可不是本书要讲的，亲爱的，绝对不是。

梅兹卡尔（mezcal）是特基拉备受误解的好兄弟（稍后会在第74页解释他俩的渊源），如果给它表现的机会，它的变化性与活跃度绝对不输给某些拥有最多风味变化的单一麦芽威士忌。某种程度上，梅兹卡尔的名声甚至比特基拉还糟，它是亲朋好友从墨西哥玩回来会捎上的经典伴手礼，瓶底还泡着一条不速之客——被泡在酒里的龙舌兰虫，其实它只是植物园常见的多足生物。除了让烈酒变得没人敢喝以外（老实说，额外的蛋白质说不定还能给这些平淡的酒添点风味），我们对这种酒就只剩下悲惨、受冷落的印象，仅在派对无酒可喝的时候才会登场。

然而值得庆幸的是，特基拉及梅兹卡尔都在过去几年重振旗鼓，古老的制酒工艺犹如一瓶在世代间传承的佳酿，终于从墨西哥遥不可及的农场，抵达世界各地顶级烈酒零售商的酒架上。

## 特级特基拉

从葡萄到谷类，从水果到蔬菜，几乎每个产烈酒的国家都仰仗产量最大的作物，而对墨西哥来说，就是长相类似仙人掌及芦荟的龙舌兰属植物了，它们是制作特基拉及梅兹卡尔的命脉，也是不可或缺的原料。

不过，我们对这种传奇的多肉植物有什么了解呢？首先要澄清一个常见的误会，它跟仙人掌毫无瓜葛，尽管两者都有凶恶的尖锐叶子和突刺，却非同属。光是有记录的龙舌兰属植物就超过两百种，但只有蓝色龙舌兰（blue agave）能被用来制造特基拉，它是唯一法定原料品种。

蓝色龙舌兰是龙舌兰中的特级品，其植物的汁液被称作aguamiel，意为"蜜汁"，蓝色龙舌兰生长在特基拉主要法定产区哈利斯科，糖分含量高，利于在蒸馏过程中提取酒精，因而极受蒸馏厂青睐，被以高价征收。不过，为了取得顶级特基拉所需的优质蓝色龙舌兰，蒸馏厂需要付出的除了高昂的金钱，还必须在田里忙活10到12年——直到植株完全成熟，也只有到了这个时候，这些墨西哥农人才能收获这群珍贵的作物，开始煞费苦心的制酒工作。

## 直捣核心

墨西哥龙舌兰烈酒的历史可以追溯到16世纪，但早在一千多年前，龙舌兰便与阿兹特克人的生活方式密不可分，深具象征意义及仪式性。龙舌兰的含水量高，阿兹特克人会从龙舌兰心（piña）[1]萃取出甜液发酵，制作成称作"pulgue"的微酸混浊酒精类饮料。这种饮料是宗教庆典或献祭时的神圣饮品，大祭司用它祭拜龙舌兰女神玛雅胡儿（Mayabuel），因为他们相信，龙舌兰的蜜汁是神祇的鲜血。

西班牙征服者于1521年驻扎墨西哥时，带去大量的白兰地。当白兰地喝光了，便运用他们的蒸馏技术将pulque变成另一种烈酒，最初始的龙舌兰蒸馏酒便诞生了，不过这时的酒还既粗陋又辣口。后来西班牙人借由直接处理龙舌兰，改良了制酒过程。他们以文火烹煮龙舌兰心，以此分解大分子量淀粉，释放天然甜味，接着再将龙舌兰心碾碎，经自然发酵后放在简单的陶瓷器中蒸馏。

"Tequila"这个名字来自哈里斯科州瓜达拉哈拉附近的镇名，因为当地的火山土质而盛产珍贵的蓝色龙舌兰。如今特基拉就像干邑或苹果白兰地（Calvados）一样，是受到产地标识保护的。随着特基拉的人气上升，老牌酒厂再度欣欣向荣，潇洒（Sauza）和豪帅快活（Cuervo，1758年建立了第一个特许酒厂）就是率先将酒出口到境外的其中两家。

1 编注：西班牙文"菠萝"之意，因龙舌兰心形似菠萝，故取其名。

## 商业生产与传统酿造

如今多数大型公司都已舍弃传统方式，改以现代化、生产线式的制程来生产特基拉。实际上，市面上多数特基拉都不是用百分之百蓝色龙舌兰制造的。这类被称为混制（mixtos）的特基拉会在蒸馏前，加入最多49%的其他作物的发酵液，不仅纯度较低，味道也较不讨喜，不过仍有小型蒸馏厂坚守纯朴又耗时的工法，生产优质的成品。

龙舌兰心仍然是以人工采摘和处理，送入烤炉慢慢蒸烤长达4天之久，以便软化厚实的龙舌兰心。举例来说，未处理前的龙舌兰心平均重约60至70公斤，而每7公斤的龙舌兰才能制造1升纯度百分之百的特基拉。

高度商业化的结果不但缩短制程，且降低了劳力密集度。大型蒸气压力锅取代了传统石窑，更快产出成果（有时只要烹煮约6小时）。然而许多坚持传统工艺的生产者深信，萃取珍贵的糖分需要慢慢来，加快过程会让苦味渗入“mosto”——蒸馏前的发酵龙舌兰液——中，制造出来的特基拉味道也没那么好。

软化的龙舌兰心接着会经过轮状石磨的碾压并切碎后，盛入无盖大型发酵桶中；传统做法是使用大型石刻的磨坊石磨[2]，这在从前是由驴子拉着，慢慢地将龙舌兰碾压成浆液。接着在发酵桶中加入酵母、一些水及mosto，如此经过数日（3到10天，视温度和天气状况而定）发酵，滤出的酒液酒精度通常在5%左右。再接着用铜制壶式蒸馏器蒸馏两次（有些酒厂会蒸三次），或用容量较大也较有效率的柱式蒸馏器，就能够收集到酒精度40%上下的清澈烈酒了。

到了这个阶段，这种烈酒才真正进入自成一格的境界。不同于另成一格的威士忌新酒，法律并未规定特基拉新酒需要经过陈放。制

造特基拉的关键在于尽可能保留龙舌兰的天然风味，方能创造出圆润、独特的烈酒。若为了纯度而多次蒸馏，只会扼杀它宝贵的风味。

## 特基拉的类型

白色龙舌兰(blanco)在这个阶段就会被装瓶，以便保存其新鲜、洁净的特色，轻熟特基拉(reposado)和陈年特基拉(añejo)则会放入橡木桶中陈年，主要采用的是美国波本桶以及法国橡木桶。桶陈除了使味道圆润、增添色泽，也会因使用的木头材质为酒液增添额外的风味。轻熟特基拉仅放在桶中“沉睡”2至12个月，只有增添一丁点风味(就像将茶包快速地浸一下水)，陈年特基拉则至少要陈放1年，通常会在桶中熟成最多3年的时间。特级陈年特基拉(extra-añejos)要至少熟成3年以上，酒桶木质开始对整体风味产生微妙的影响：混入香草味的辛香调、带收敛感的橡木味，偶尔也会带有波特酒或葡萄酒的风味。

对味道的感受因人而异。虽然特级陈年特基拉提供层次更丰富的口味，较受其他棕色烈酒(如威士忌、干邑、雅文邑或朗姆酒)爱好者的青睐，它们却逐渐丧失最初的优点：纯龙舌兰带来的爽洌、带胡椒感且几近咸鲜的调性。但值得高兴的是，这也让特基拉成为多样化的烈酒，可以有不同喝法及用于不同场合(参见第80页，了解我们建议的饮用方法)。

2 译注：Tahona wheel，别称“塔合纳磨臼”的轮状石磨。

←传统的磨坊石磨，用来碾碎烹煮过而软化的龙舌兰心。

↑代表着产地的特基拉酒瓶。

# 梅兹卡尔（Mezcal）

## 特基拉内敛却超值的兄弟

特基拉在国际上广受欢迎是无庸置疑的。走进世界上任何一家酒吧，架子上肯定都有一瓶特基拉，正准备用其独特的墨西哥魅力掳获你的心。特基拉是迷人、风度翩翩的烈酒，踩着雀跃的步履享受生命之乐，直至夜深时分。

反观梅兹卡尔，就是截然不同的个性了。它纯朴而传统，虽然不如时髦的特基拉那样有文化意识，然而如果有机会了解它，你就会察觉它不为人知的深度。梅兹卡尔可能宁愿晚上待在家里看书，不过一旦开始聊天，你就会惊讶于它的内涵。

↑展示待售的三种“朴实的”梅兹卡尔。

那么，梅兹卡尔为何被特基拉抢尽风采呢？技术上来说，特基拉其实是梅兹卡尔的一种，两者的制作方法同样源于可以追溯到16世纪的传统。就好像有些法国白兰地会以“干邑”和“雅文邑”之名为人所识，墨西哥在1994年立法订出特基拉的特定产区，其中产量最高的集中在北部哈里斯科地区的瓜达拉哈拉外围；梅兹卡尔的产区则集中在南方，围绕在瓦哈卡州（Oaxaca）附近。两种酒都使用龙舌兰作为基础原料（关于梅兹卡尔所用的龙舌兰细节，请见第78页），但就口味而言，可以说梅兹卡尔的风味更宽广、更复杂，然而数十年来它却备受冷落，等待伯乐赏识的那一天。

遭受这种不平待遇的原因，有一部分是我们先前提过的污点——“那只虫”（欲了解虫子如何演变成现在这个样子，请见第80页）。当特基拉在过去二十年间得到社交界和行家的欢心时，梅兹卡尔却被视为是凶恶的异类：鄙俗、难以下咽、粗制滥造，那只虫就好像代表这瓶酒超有“本事”。喝梅兹卡尔只是为了征服什么，最后吞下一口虫子不过是表示你完成了这场征服大业。

然后，大约二十多年以前，真相终于大白。在瓦哈卡州的农田里——这个地区现在被划定为墨西哥重要的梅兹卡尔产区，拥有超过90%的梅兹卡尔酒厂——这种拥有丰富精神内涵的酒终于得以现出本质，而它朴实的生产环境、传统的制造技艺和流传数世纪的工艺，如今也终于能与全世界分享。

## 行家会客室

» 罗恩 · 库珀（Ron Cooper）

美国圣塔菲｜迪尔玛盖梅兹卡尔（Del Maguey Mezcal）

罗恩不仅是一名极为成功的艺术家，也是迪尔玛盖梅兹卡尔（意为“来自龙舌兰”）的创办人。该公司自1995年起便在墨西哥瓦哈卡州附近落脚，专门分装和经销产自单一村庄酒厂的手工梅兹卡尔。罗恩有满腹关于龙舌兰的知识，梅兹卡尔能在全球广受欢迎，罗恩作为梅兹卡尔的教父可谓当之无愧。我们向您致敬，阁下！

**你是何时发现梅兹卡尔的呢?**

"这个嘛,有一句墨西哥俗谚:'不是你去找梅兹卡尔,而是梅兹卡尔会找上你。'我绝对是被'找上'的。那是1963年我还在艺术学校念书时,和朋友一起旅行到下加州(Baja California)一间酒吧,当时我喝了一种龙舌兰烈酒,结果醉得一塌胡涂,随后便把这件事抛诸脑后。到了1970年,我和几个朋友办了一场艺术展,我们喝了马蹄铁(Herradura)白特基拉,那是1970年代最好的特基拉。聊天中,大家相约沿着神奇的泛美公路南下旅行至巴拿马。两周后,我们在箱型车上绑着冲浪板就上路了,四个月后抵达巴拿马,但在墨西哥途中我们发现了瓦哈卡,也就是梅兹卡尔的故乡。之后瓦哈卡成了我的总部,待在那儿的时间越长,我越了解梅兹卡尔的仪式性用途。"

**你如何找到优质的酒厂?在瓦哈卡之外一定很难找吧?**

"我以前常用塑料桶甚至是汽油桶装满上好的梅兹卡尔带回加州!1990年我花了3个月时间,开着卡车沿着砂石路,见到当地人就拦下问:'Donde esel major?(最棒的上哪找?)'就这样,我找到28种上佳的样品,还顺便参加了一场长达八天的萨巴特克(Zapotec)婚礼,他们答应给我一桶5加仑的奇奇卡帕梅兹卡尔(Chichicapa mezcal),条件是我得帮忙偷渡一个人过边境!边境守卫逼我倒掉大部分的酒,我想办法救下来了一些,当时我就发誓,再没有人可以阻止我把梅兹卡尔带进美国!"

**让你代理的这些小镇相信你是来真的而非剥削他们,难吗?**

"天哪,我自己都不敢相信!我到那儿跟他们协商时,大家把我当外星人看——孩子们一见我的卡车就一溜烟逃走!不过几位有胆识的生产者看到了商机,终于在1995年,我的第一批梅兹卡尔——奇奇卡帕和里约圣路易斯(San Luis Del Rio)——装瓶了。我们现在有约十位生产者,其中一位,要见上一面必须在砂石路上开12 小时左右的车。我慢慢地将这些生产者聚集在一起,如今已是墨西哥政府正式认可的团体。"

**你用几种龙舌兰来制造梅兹卡尔?**

"这个嘛,虽然不同生产者对每种龙舌兰都有不同的叫法,一般公认能用的大约有30种。有些品种需要花25至30年才会成熟,其中野生的多巴拉龙舌兰(tobala)最稀有,只生长在高海拔环境,长在橡树的树荫下,就像松露那样。"

**梅兹卡尔能陈年吗?**

"我们的梅兹卡尔年99%是直接装瓶不陈年的。我刚从事这行时,会把酒放在不锈钢啤酒桶里,经过一段时间,我注意到酒体发生了变化:成熟且更温和一点。我怀疑风味更柔和是因为氧化作用。我最初分装的梅兹卡尔现在只剩几瓶了,它们来自1995年奇奇卡帕(距瓦哈卡南边2 小时车程的小镇)一个小酒厂。我当时大概装了太多,没有立即卖光。某位酒商路过时尝了一瓶我的收藏后惊为天人!之后他不到半年就要回购,所以瓶内熟成确实对风味有很大的影响。"

**请以三个(英文)字描述迪尔玛盖。**

"正宗龙舌兰之母(Trueagavemother)。"

# 5个 特基拉&梅兹卡尔小知识

*和梅兹卡尔一样，特基拉是一种以龙舌兰为原料的烈酒，两者主要的区别在于，特基拉必须用蓝色龙舌兰（学名"Agavetequilana"，或称Weber Blue）酿造，而梅兹卡尔的原料则涵盖多种龙舌兰。

*未陈年的特基拉称为白色特基拉，偶尔也称银色特基拉（silver Tequila）。陈年过的特基拉（轻熟特基拉或陈年特基拉）往往会放入美国波本桶、法国葡萄酒桶，或为了获得更多木材影响，放入内壁经焦化的新橡木桶中。

*梅兹卡尔常有独特的烟熏香气和风味，这是源自于传统制程：在放满石头的土窑中长时间加热龙舌兰心，窑上会覆以木材，以及废弃不用的多刺多纤维龙舌兰叶片。

*世上最昂贵的特基拉是"Ultra Premium Tequila Ley .925 Pasión Azteca"，一瓶要价高达（简直荒谬至极的）22.5万美金。

*特基拉的丰功伟业还不只这样，墨西哥的科学家开创了用特基拉制作真钻的方法——将特基拉超温加热到800摄氏度。不过你没法把它们戴在身上，这些珍贵的石头小到只能应用在制作微芯片和极细切割工具。

**梅兹卡尔与墨西哥风土**

由于梅兹卡尔能使用的龙舌兰品种较不受限，风味较特基拉更为鲜明，因此比其他烈酒更能体现墨西哥的风土。

**温和的烟熏味**

有些行家会将梅兹卡尔与苏格兰艾雷岛所生产的威士忌作比较，两者的共通点是有明显的烟熏味，拉弗格威士忌（Laphroaig）或拉加维林威士忌（Lagavulin）尤其明显。事实上，梅兹卡尔的烟熏味和口感源于一开始准备龙舌兰心的阶段。与特基拉不同，农夫在凿出的深坑中铺上柴火及石头，让龙舌兰心在里头烘烤至少8小时，火焰熄灭后就在坑顶覆盖龙舌兰叶、防水油布及小山般的泥土，龙舌兰心就在坑里慢慢吸收灰烬、木炭的油味及烟熏味长达5天。烟熏的影响会延续到装瓶，导致某些梅兹卡尔带有一丝淡淡烟熏味，另外有些梅兹卡尔则会带有闻得到也尝得出的篝火风味。

←许多小型的梅兹卡尔生产者在蒸馏过程中，仍然仰赖试错法。如果到目前为止都可行……

## 自然发酵

大部分的小批次手工梅兹卡尔都是以酒厂周遭空气中的天然酵母发酵，这些菌株将龙舌兰甜美的汁液转化成酒精的效率不同，进而影响烈酒成品的整体风味。传统的梅兹卡尔是在露天环境下发酵，时间可长达14至30天。

## 龙舌兰的种类

一如葡萄有诸多品种，不同的龙舌兰同样会造成梅兹卡尔风味上根本的差异。某些龙舌兰已极为适应墨西哥层峦起伏的地形、土质及炎热的天气，包括常见的艾斯巴丁（espadín，或剑龙舌兰）和得伯斯达德（tepestate）在内的龙舌兰，通常生长5至6年即可收成，但有些品种，比如长在土壤条件较苛刻的环境（往往在山上的梯田）下的野生多巴拉龙舌兰，则需要更长的时间。

龙舌兰会在夜里张开毛细孔吸收大气中的水分，白天则会紧紧闭上以免流失珍贵的汁液。制作梅兹卡尔的过程中，瓦哈卡的农人刻意不在六月到八月的雨季收割龙舌兰。据罗恩·库珀说："地下水往上涌入根部会让植株变苦，这样会产出劣质烈酒。我们都是等到九十月才收割，那时的植株含水量少些。"

## 虫（谢天谢地）已不再是那只虫

罗恩·库珀笑道："花了我18年才杀掉那只天杀的虫，它终于成过往云烟了。"

他接着说："故事要从1940年代说起。某个在德州某家烈酒铺工作的艺术学生，借着变卖回收玻璃瓶赚点钱。他觉得如果能用这些瓶子装些便宜的酒卖人，就能赚得更多，于是前往瓦哈卡找最便宜的梅兹卡尔。他确实找到一些烈酒，但是用丰收期结束后才采割的龙舌兰酿的，那些龙舌兰不仅腐烂了，还长着寄生虫——压根儿不是毛毛虫，而是夜蛾的幼虫！这家伙想出了个聪明（可能让人有点不舒服）点子，就是在每一瓶酒中加入一只虫，于是诞生了"Gusano Rojo"（意为"红虫"）梅兹卡尔这个牌子，这是美国最早进行商业贩卖的梅兹卡尔之一。"

如今，那只虫仍然快活地在瓶子底望着瓶外的世界，看上去有点像歪歪扭扭的米其林轮胎人。都市谣言说吃了它会产生幻觉，不过最可能发生的，是因为喝太多而严重宿醉，别想会有什么灵魂出窍的体验啦。

## 如何享用特基拉及梅兹卡尔

好吧，这个章节有一个要素，就是希望不要让人觉得我们是在说教，毕竟享用特基拉是件再简单不过的事，所以这段话可能有点像隔靴搔痒，不过在这样的前提下，且让我们暂时抛下这种酒的乐天形象。

↙别再一饮而尽了。用百分之百龙舌兰制作的特基拉拥有全面的风味，值得你全心品尝。

若你用对酒杯来啜饮、品尝，特基拉也能如棕色烈酒一般令人陶醉，每一瓶、每一类都能传达出复杂又多样的独特风味。梅兹卡尔的表现甚至尤有过之……

罗恩·库珀认为：“没人应该像无脑大汉那样，将梅兹卡尔一饮而尽灌到烂醉。”事实上，梅兹卡尔与层次丰富的艾雷岛威士忌有这么多相似之处，如果放在闻香杯或葡萄酒杯中醒酒，真的能带出衬着美妙新鲜果香和草本根系香料感的温和烟熏味。最最重要的是，要慢慢品尝。如果不在本章提及这两种烈酒含蓄又理智路线以外的享用方式，感觉就不算完整。别忘了，万年经典鸡尾酒玛格丽特（Margarita）得以功成名就，凭的就是特基拉的独特风味。以下我们提供一个可能是公认经典作的最佳调配指南，再附加一则梅兹卡尔酒谱。

## 索托

**嘘！这可是墨西哥的秘密烈酒**

在墨西哥北部，离美墨边境不远的地方，有一座名叫奇瓦瓦（Chihuahua）的城市，该地是墨西哥第三号国酒索托的精神之乡。索托的知名度不高，其制作方式与特基拉和梅兹卡尔相去不远，不过使用的原料沙漠杓子（Dasylirion wheeleri），同样是长得像灌木的多肉龙舌兰植物。目前商业产的索托酒厂数量仍然很少，除非是找最好、库藏最齐全的经销商（第87页），否则应该很难喝到。假如你有幸找到，它绝对值得你去尝试，因为它有股更偏香药草近乎草根的辛香味。

# 汤米特调玛格丽特

## Tommy's Margarita

汤米(Tommy's)是美国旧金山一家非常有名的墨西哥餐厅，调制经典之作玛格丽特的另一种表现形式——简单却让人印象深刻的汤米特调玛格丽特，就是诞生于此。如果想让某人重新认识特基拉，这款采用百分之百轻熟特基拉及新鲜素材的鸡尾酒，可说是最好的敲门砖。调制的关键在于，必须在龙舌兰糖浆的天然甜味、新鲜青柠的奔放柑桔调，和轻熟特基拉干净又圆润的味道之间取得平衡，后者为这款调酒带来了额外的甜味及香草气息。

**材料**

50ml 轻熟特基拉(推荐Herradura Reposado)

25ml 新鲜青柠汁

12ml 龙舌兰糖浆(这个产品如今较易取得，在许多超市或生机食品店都买得到。它超级甜，理论上比其他糖浆更健康，不过你不会想把它加在早餐的燕麦粥里的。)

**调制法**

将所有原料和冰块一起放入鸡尾酒摇酒壶中。死命摇晃，然后滤到玛格丽特浅碟杯中。如果想要有点变化，也可以加进放了冰块的平底杯里。最后以一片青柠作装饰。

# 瓦哈卡往日情怀

## Oaxaca Old Fashioned

让我们再把某款经典调酒的基酒换一下，以表现独一无二的墨西哥气息。梅兹卡尔中的烟熏味为往日情怀添加了不寻常的层次感，与饱满的甜味和橙皮味相得益彰。

### 材料

50ml　梅尔卡兹（推荐Del Maguey Vida Single Village Mezcal，第86页）

12ml　二砂糖浆或1颗红方糖

3注　安格斯图拉苦精（Angostura bitter）

现刨橙皮及青柠皮

### 调制法

在一个大的威士忌杯中慢慢搅和所有材料，加入冰块来稀释。凡是准备时间少于5分钟（尤其是你还需要溶解方糖的话），就不算用心。

# 10款 必试特基拉及梅兹卡尔 （外加1款索托）

虽然这两种美妙的烈酒都来自同一家族（神奇的龙舌兰），它们仍各自拥有独特的风味。以下我们精选多款你可能没尝试过的特基拉，外加几款上等梅兹卡尔，最后再来点不一样的索托。干杯！

## Del Maguey Pechuga Single Village Mezcal

**49% 墨西哥 · 瓦哈卡**

这是一款经三次蒸馏的梅兹卡尔，最后一次蒸馏时罕见地加入一篮水果、香料，与一块完整的鸡胸肉。烈酒挥发时会通过这个有趣的水果篮，使成品带有果香、肉香，以及梅兹卡尔洁净、平和、带植物感的调性。不仅是实实在在的美馔，也是世界上最抢手的梅兹卡尔之一。

## Del Maguey Vida Single Village Mezcal

**42% 墨西哥 · 瓦哈卡**

虽然不想偏心迪尔玛盖，但还是必须把这支杰出的酒款和独树一格的Pechuga一同收入，作为这种特殊烈酒的平价入门品种。对刚开始接触梅兹卡尔的人，这款酒可谓无所不包：微妙的烟熏味、黑胡椒味、一股鲜果味，还有一丝独特的药水味，让人想起艾雷岛的苏格兰威士忌。

### Ocho Blanco Tequila

**40% 墨西哥 · 哈里斯科**

同样是传奇人物卡洛斯·卡马雷那的杰作。这款白色特基拉拥有美味的纯净口感，带有新鲜青柠风味、甜美植物调性，以及独特的鲜活感，再加上白胡椒作为点缀。这款酒是特基拉的表现巅峰，不仅能制作可口的血腥玛丽，小口饮用来清味蕾也很顺口，我给它打高分。

### Hacienda de Chihuahua Sotol Añejo

**38% 墨西哥 · 奇瓦瓦**

Hacienda de Chihuahua 大概是索托最知名的制造商。索托是墨国烈酒家族的一员，以需要15年才能收成的沙漠杓子为原料。相比特基拉，它的香气更偏香料、草本调。这款酒在法国葡萄酒桶中陈放6个月，因而满载甘草、香茅及果干等草根、土壤风味。

### Gran Centenario Rosangel Tequila

**40% 墨西哥 · 哈里斯科**

Hacienda Los Camichines（酒庄）纯粹主义者可能会因为这支酒的入选而皱眉，但只要酒杯里的东西好喝，谁在意呢？这是一支调味的轻熟特基拉，先在法国葡萄酒桶中熟成10个月，接着又在旧波特桶中陈放2个月，再掺入朱槿花调味。桶陈使这款酒发展出甜蜜的果园香。

### Ilegal Mezcal Joven

**40% 墨西哥、危地马拉（经由瓦哈卡）**

约翰·雷斯勒（John Rexler）自2004年开始从瓦哈卡进口/走私所 能找到最好的梅兹卡尔，带往他位于危地马拉的酒吧Café No Sé。随着数量愈来愈多，不知不觉有各式各样的人非法给他带酒，直到2009年才转为合法进口。梅兹卡尔有药用烟雾、胡椒粒、煮熟根茎蔬菜的香气，以及太妃糖/爆米花的甜味。

### AquaRiva Reposado Bar Tequila

**38% 墨西哥 · 哈里斯科 · 洛沙托斯**

演员克莱奥·罗科斯（Cleo Rocos）是已故英国喜剧演员肯尼·埃弗里特（Kenny Everett）的表演搭档，如今她已是备受尊敬的特基拉权威人士，这支采用百分之百蓝色龙舌兰的特基拉就是她的心血结晶，无论单饮或调酒都表现完美。此款酒须在波本桶中至少熟成3个月，带有新鲜水果香气、洋槐蜜，及燕麦饼调性。

### Rey Sol Extra Añejo Tequila

**40% 墨西哥 · 哈里斯科 · 洛沙托斯**

在特基拉的世界中，特级陈年酒款仍然是比较新颖的概念——直到2006年才开始有在橡木桶中陈放3年以上，以增强风味复杂度和滑顺口感的做法。这款酒便是其中的佼佼者。它在法国橡木桶中陈放了6年，有微妙的果干、烤麦芽味和具收敛感的香料调性。威士忌和雅玛邑白兰地爱好者若要喝特基拉，这是不二之选。

### Tapatio Reposado Tequila

**38% 墨西哥 · 哈里斯科 · 阿蓝达斯**

这款轻熟酒款是以百分之百蓝色龙舌兰酿造，出自特基拉制酒教父卡洛斯·卡马雷那（Carlos Cama-rena）之手，足以跻身最精采的特基拉行列中。这款酒陈放在波本桶中4个月，有丰饶的奶油香，伴随独特的鲜活柑桔调和微微的土壤气息，虽然陈年却仍有活力，并且爽洌、干净而优雅。

### Los Danzantes Añejo Mezcal

**45.4% 墨西哥 · 瓦哈卡 · 圣地亚哥马塔特兰**

Los Danzantes意为“舞者”，是墨西哥南部的人气连锁餐馆。创办人古斯塔夫·穆尼奥斯（Gustavo Munoz）于1997年建立了一间小型工坊，转型成酒商。他们制造的酒有点特别——装在法国利穆赞橡木桶中熟成的轻熟梅兹卡尔及陈年梅兹卡尔。这支酒有一股馥郁的蜂巢香、温和的烟味，以及一丝新鲜香蕉及丰沛的木桶香料感。

# 苦艾酒（Absinthe）

## 奇妙的绿色仙子

| 烈酒名称 | 词源/发源地 | 颜色 | 主要生产国家 | 全球热销品牌 | 主要成分 |
| --- | --- | --- | --- | --- | --- |
| Absinthe。源于大艾草的拉丁文“Artemis iaa-bsinthium”。 | 最早于18世纪90年代产于瑞士，后在法国边境蔚为流行。 | 传统上，法国产的苦艾酒从清淡的翠玉色，到充满活力的亮绿色都有。瑞士产的苦艾酒则始终是清澈的。 | 法国、瑞士、捷克共和国，以及2007年后的美国。 | —La Fée<br>—Pernod<br>—Lucid | 将中性烈酒（传统是以葡萄为原料）与绿茴芹、茴香，以及最重要的大艾草，和许多其他草本植物一同蒸馏（有时仅将草本植物浸泡于中性烈酒中）。 |

ABSINTHE

ABSINTHE
DUCROS FILS
TRIPLE RECTIFICATION

# 苦艾酒

## 奇妙的绿仙子

既然你们拿起这本基本上都在讲烈酒的书，我们相当确定你清楚了解酒精对人体和心智的影响，但是在两三千年前，这样的观念或许尚未普及。

我们在前面的金酒章节中提过，18世纪时金酒热潮所造成的毁灭性影响。正因它令大众醉酒、沉迷的特性，让这个曾经备受拥戴的饮品一夕之间成为人人喊打的过街老鼠。当伦敦市民在对付日内瓦夫人[1]时，另一头的法国当局正准备迎战更强劲的对手——绿仙子本人，也就是苦艾酒。

1 编注：日内瓦夫人（Madame Geneva），金酒的贬义昵称，参见第38页。

苦艾酒这款烈酒，没几个饮者敢在毫无准备的状况下贸然尝试。苦艾酒的酒精浓度高达令人瞠目的70%左右，加上它的苦味、药草风味，以及谣传中的致幻特性，都注定它不会是朗姆酒或威士忌那类宜人易饮的烈酒，或是像金酒、伏特加一般适合用来调酒（这很讽刺，因为金酒也有阴暗的过往）。但正是这样的特性，让苦艾酒成了一项刺激而诱人的挑战。不管某些烈酒在过去招惹过什么麻烦，苦艾酒恶名昭彰的程度绝对有过之而无不及，因而有很长一段时间，它在许多国家都属于违禁品，大概等同于烈酒世界的《发条橙》[2]吧！

即使有这么多不健康的联想，苦艾酒的历史事迹仍是十分显赫。它活跃于美好年代[3]，后世会永远将它与众多文学及艺术界的巨擘联想在一起。那么，到底为什么苦艾酒会成为这样一个顽童呢？

## 与绿仙子一同逍遥

苦艾酒的关键成分是菊科蒿属苦艾（Artemisia absinthium），俗称大艾草（grand wormwood），这种引人注目的植物自古希腊时代起就因药效闻名，但要到18世纪晚期才出现蒸馏的苦艾。

当时一名住在瑞士古维地区的法籍医生皮埃尔·奥迪内尔（Pierre Ordinaire），发明了一种含苦艾的万灵丹。结果广受欢迎，配方也流入一名商业蒸馏商手中，开始大量生产。瑞士产的苦艾酒有口皆碑，随后亨利路易·佩尔诺（Henry-Louis Pernod）更在法国边境的朋塔利耶（Pontarlier，该地此后成为苦艾酒的灵魂故乡）建设、经营蒸馏厂，以“Pernod Fils”为品牌名的苦艾酒自此站稳了脚步。

苦艾酒以其药效在阿尔及利亚帮助士兵抵御疟疾，使其声誉臻于鼎盛，连巴黎的咖啡馆及酒吧也购入这本质简单却强劲的烈酒。事实上，如果你是一位19世纪中期至晚期的绅士名流，很可能会在每天傍晚五点左右，和打扮入时的朋友们集结在咖啡馆里享用一杯苦艾酒，共度“绿色时光”。你可能会瞥见邻桌的马奈（Edouard Manet）、图卢兹·罗特列克（Toulouse-Lautrec）和梵高，注视着手中泛着绿光的酒杯寻找创作灵感，而咖啡馆的更深处，还有阿蒂尔·兰波（Arthur Rimbaud）、保尔·魏尔伦（Paul Verlaine）以及奥斯卡·王尔德（Oscar Wilde）等人，带着对绿仙子的敬意振笔疾书、创作诗句。王尔德曾说，他饮下苦艾酒之后，感觉到被郁金香轻抚腿部[4]。

所以，这种酒到底何以成为文人雅士和文豪的心头好？这就是苦艾酒与同时代其他烈酒有所区别的地方了。苦艾因含有叫做侧柏酮（thujone）的化合物而受到注目，据称这种物质会对人的精神和心智产生影响。举个例子，让我们回到1895年来看阿尔贝·迈尼昂（Albert Maignan）的《绿色缪斯》（La Muse Verte）。画布上描绘的是诗人臣服于绿仙子的影响，展现了如梦似幻的奇诡意象。苦艾酒（及其传闻中的影响）被许多艺术家、文人和其他促成法国美好年代的人士，视为一种扩展心智及创作力的途径。很像当今的毒品LSD[5]吗？可能吧。这里让我们稍微科学一点，要喝到会产生幻觉的地步，需要的量会多到不造成酒精中毒而死，至少也会不省人事。

← 苦艾草。味苦（且谣传可能致幻）的苦艾酒核心成分。

↓ 典型的穿孔苦艾酒匙。要以传统方式饮用这种烈酒就少不了这支酒匙。

2 编注：A Clockwork Orange，美国导演史丹利·库布里克（Stanley Kubrick）70年代拍摄的电影，因内容充满性与暴力，曾被众多国家列为禁片。

3 编注：La Belle Époque，指普法战争（Franco-Prussian War）结束后，到第一次世界大战前的和平时期。

4 编注：据传王尔德某次饮用苦艾酒后，在步履蹒跚地离开酒馆时，感觉有郁金香擦过腿部。

5 编注：Lysergic Acid Diethylamide（麦角二乙胺）的缩写，是能改变情绪的化学物质。

## 坏仙子

19世纪末，苦艾酒（absinthe）销量猛涨。谁能想到酒类市场的变化，与一种害虫——瘤蚜虫（phylloxerabug）有关。瘤蚜虫多寄生于葡萄藤，当法国葡萄酒及干邑这类以葡萄为原料的产品供应短缺、价格上涨的情况下，法国民众纷纷转投苦艾酒的怀抱。好景不长的是，苦艾酒的高酒精度带来了一系列后果——犯罪率上升、醉汉变多、社会动荡，于是禁酒运动呼吁查禁苦艾酒。

奇怪的"苦艾酒谋杀事件"是压垮骆驼的最后一根稻草。一名瑞士农夫酒醉后杀害了全家人，他先喝了大量葡萄酒和薄荷香甜酒（crème de menthe），但最后那一小杯绿仙子，成了罪魁祸首。

短短几年，苦艾酒就在瑞士、法国、美国、荷兰被查禁。但通行的说法却是英国从来没有禁过苦艾酒，只是因为苦艾酒很难获得，所以对它的兴趣也就慢慢淡了。到了20世纪90年代，质量低劣的苦艾酒在市场再度流通，但是这些不过是人工加味的高酒精度蒸馏酒，质量完全无法与过去的相比。

↑苦艾酒名人：据说梵高也是这种恶名昭彰烈酒的超级粉丝。

## 好仙子

幸运的是，在一群收藏家、爱好者、拥趸的合作下，在千禧年到来之际对苦艾酒的禁令解除了。位于蓬塔利耶的苦艾酒始祖蒸馏厂凭借失传的配方卷土重来，苦艾酒终于重回酒架。近来新设的苦艾酒酒厂也开始因地制宜，选用当地苦艾及其他草本植物，制作出出色的小批次产品。锦上添花的是，由于许多人对经典鸡尾酒和古董的浓厚兴趣，苦艾酒仙子重返人间，再度优雅地四处飞舞，在新一代的仰慕者中挥洒她的魔法。

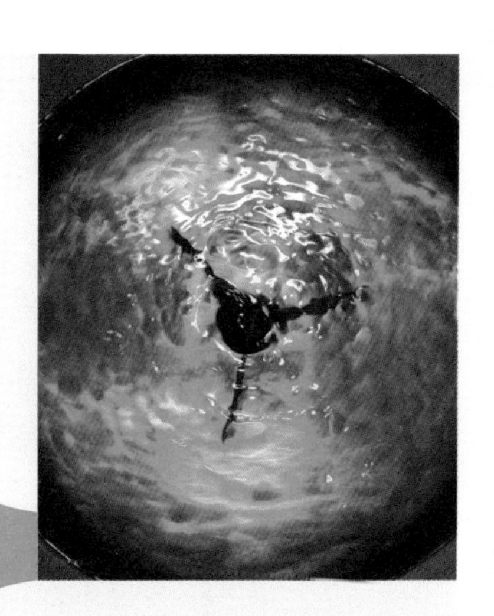

**仙子为什么是绿色的?**

苦艾酒的制程与金酒有许多相似之处，都是以中性烈酒（大多是酒精度可达70% 以上的葡萄蒸馏酒）与基础调味料（包括茴香〔fennel〕、绿茴芹〔anise〕及最重要的苦艾）一同蒸馏而成。市面上绝大多数苦艾酒往往会在装瓶前以人工色素染绿，不过也有一些制作精良的苦艾酒，是将相当比例的草本植物浸泡在酒中，造就它那出了名的天然明艳绿色。事实上，如果将一瓶优质苦艾酒置于日光直射之下（请不要真这么做），你就会看到天然叶绿素和日光照射带来的明显颜色变化。

# 法国茴香酒及亚力酒(Pastis & Arak)

## 香气四溢的茴香酒家族

茴芹的味道十分特别，除了苦艾酒之外的烈酒也会添加这种香料，也就不足为奇了，其中最值得一提的就是法国茴香酒（pastis）和亚力酒（arak）了。

↑保乐力加是全球最出名的法国茴香酒品牌之一。

## 法国茴香酒不是仿作

法国终于在1915年实施苦艾酒的禁令，酒厂纷纷寻找替代品来补缺。他们发现，只要拿掉的苦艾（苦艾被认为是这种酒中的有害成分），再将酒精浓度大幅减少到40%至45%，还是能制作出以茴芹籽和甘草根为主，喝起来又很棒的烈酒。这就是诞生于20世纪30年代的法国茴香酒——味道与苦艾酒相去不远，却没有它的副作用。保乐（Pernod）和保罗力加（Paul Ricard）等品牌至今仍然十分畅销，在国内有广大的追随者。享用时需要稀释，当水滴落，法国茴香酒变成一杯乳浊酒液，这和苦艾酒是一样的（第101页）。

## 黎巴嫩的呛辣美酒亚力酒

黎巴嫩以其精彩纷呈的葡萄酒酿造史闻名，但另一款强劲而富风味的饮品也广为人知，就是亚力酒。与法国茴香酒相似，这款酒液清澈且以茴芹调味的利口酒，装瓶后强度约为59%。亚力酒在地中海东部沿岸有几个表亲，包括土耳其的拉克酒（raki）、希腊的乌佐酒（ouzo），它们基本上都是出自同一种工艺，有时会采用糖、椰枣或无花果作为原料，并与茴芹籽再一同蒸馏，或额外添加茴香籽来调味。

黎巴嫩的亚力酒使用最后一批采收的葡萄为原料，这些葡萄会在木桶里发酵数周，再将产生的混合物经数次蒸馏，并加入少量茴芹籽香料。

传统上，黎巴嫩人会在用餐时饮用亚力酒，搭配小菜拼盘式[6]的餐点享用，或者配诸如黎巴嫩香肠（makanek）或黎巴嫩鞑靼羊肉（kibbe）等香料羊肉类的菜肴，也很适合。伊拉克亦盛行饮用此酒，由于亚力酒的乳白色外观与高酒精度，当地人常称它为“狮子奶”，唯有“壮如猛狮”的人能喝。

6 编注：Mezze，以数个小碟盛装不同食物来搭配酒品食用。

# 行家会客室

» 约瑟夫 · 帕维斯基（Joseph Pawelski）

**美国 · 科罗拉多欧弗蓝酒厂（Overland Distillery）**

以科罗拉多州洛弗兰为基地的约瑟夫·帕维斯基，逐渐将注意力转向制作传统的苦艾酒，但只限用美国本土栽种的苦艾。

**酒厂背后的精神是什么？**

“欧弗蓝酒厂专注于将失落的烈酒、风味及文化重新带回世人眼前，我们的产品只用天然原料，其中大部分是在科罗拉多本地栽培并由人工采收。我们深信质量至上。”

**你们的苦艾酒有何特别之处？**

“Trinity Absinthe 是根据几个传统苦艾酒配方制成的，不过我们稍加更动了选用的香料，加上它有其他苦艾酒品牌不多见的顺口，这些都赋予了这款酒个性，使它不仅适合以传统方式（混合冰水）饮用，也能用来调酒。我们只用有机素材，药草叶都是在北科罗拉多本地天然栽植、人工采收后，再仔细干燥。我们发现，这是唯一可确保得到我们想要的质量和风味的方法。”

**从风味的角度，你是否曾受到酒厂地理位置的影响？**

“这里的高海拔加上干燥、日照强烈的气候条件，很适合种植大部分苦艾酒所需的药草。就像酿酒用的葡萄，地域确实会影响植物的风味。根据我们的经验，科罗拉多产的香药草香气更浓郁，另外，比起蓬塔利耶和其他常见的苦艾酒产地，我们的苦艾更甜、有更多花香味。就我们所知，我们是科罗拉多第一个栽种苦艾和其他苦艾酒原料的酒厂，所以刚开始有点实验性质，最后得到这么好的质量，我们开心的同时也有点惊讶！”

**身为手工烈酒制造商，是什么维系着你的热情呢？**

“匠心。有很多事情一成不变地传承了好几个世代，这其中有好有坏。手工烈酒制造中的匠心，就是以前人留下的优良传统为基础，把不好的一面往好的方向改进。在这样的过程中，常能创造出新颖美味的作品。”

**作为手工烈酒制造商，你从中学到了什么呢？**

“蒸馏和创作是我的热情所在。要成为手工烈酒制造商，需要具备商业、会计、营销等技能，还有十足的耐心、一些资本，以及最重要的毅力。”

**未来有何计划？**

“我希望看到苦艾酒像以前那样，成为酒吧里的常驻主力。当然啦，如果常驻的是Trinity Absinthe就更好了！不过正如金酒和威士忌一样，选择越多越好！”

## 如何享用苦艾酒

**苦艾酒之所以能成功走出低潮，其中一个原因是它那几乎带有仪式感的传统饮用方式。由于苦艾酒一般很烈（古风的苦艾酒几乎是刚蒸馏完就装瓶，酒精度大约介于60%至75%，这项传统仍延续至今），必须将它的风味从酒精感中释放出来，因此要用精确的3∶1水酒比例来准备。**

### 罪恶的喝法

你可能会说，我好像看过有人在苦艾酒上点火？这个嘛，你可能是看过，不过我们要没收他们的打火机哦。点燃淋过苦艾酒的方糖，等方糖融化后掉进杯里让酒烧起来，这种喝法与传统的法国式喝法（French Method见右页）完全没关系。事实上，这种波西米亚式喝法（The Bohimian Method）是在捷克发展出来的，部分原因是为了掩饰20世纪90年代那批粗制滥造的苦艾酒的难喝的口味。

→滴水机。用一滴滴冰水稀释的传统苦艾酒喝法，让经典的健力士啤酒（Guinness）慢斟法（slow pour）[7]都显得仓促了！

### 传统喝法

将一小颗蔗糖放在造型特殊的有孔银质酒匙上，让冰水慢慢往下滴在糖块上，以增添酒的甜味。当水和苦艾草、茴香、茴芹的精油起反应，产生乳化效应（louching effect）时，看起来就像有雾气从杯中蒸腾而出。

### 圣杯式喝法

随着苦艾酒的人气在20世纪初期不断增长，众人纷纷追求"完美"喝法。酒厂、酒吧、咖啡馆老板费尽心思，只为了要让苦艾酒支持者有最棒的饮用体验，包括设计装饰华丽用来融化方糖的酒匙，最惊人的大概就属苦艾酒滴水机（左页图）了。这种滴水机通常可供四人使用，冰水经过小小的水龙头滴入下方的酒杯中（酒杯当然也经过特殊设计）。如今，对"苦艾酒体验"的向往导致不少酒吧也配备古董滴水器和酒匙，虽然这些器具很像博物馆展品，却完美地呈现了品饮苦艾酒的氛围。苦艾酒是典型的"慢慢享用"型烈酒，与绿仙子共度的时光，可得慢慢消磨。

7 编注：根据健力士，要倒出一杯完美的健力士啤酒有6个步骤，总共要花上119.5秒钟。

### 乳化——玄学还是科学?

神秘的乳化效果有没有可能是因为绿仙子现身呢？根据康瓦尔郡西南酒厂（Southwestern Distillery）首席制酒师塔昆·李贝特（Tarquin Leadbetter）的说法，苦艾酒和法国茴香酒都会出现的奇特效应，乃是由于它们采用的茴芹籽富含精油之故：精油可溶于烈酒却不溶于水，因此当烈酒被稀释时，这些油性化合物就被释放出来，在酒杯中创造出半透明的乳化效果。虽然科学是这么说啦，但我们还是相信仙子……

# 亡者复苏2号

Corpse Reviver No.2

由于苦艾酒的核心成分是苦艾、茴香及茴芹籽，风味既特殊又强烈，要用来调制鸡尾酒并不容易，尤其不适合作为主要原料。不过，如果酌量使用来“润洗”酒杯，或是只添加非常少量，则可为多款经典鸡尾酒带来不可思议的复杂度，其中最具代表性的就是亡者复苏2号。这款调酒在20世纪20年代，因伦敦萨伏依酒店（Savoy Hotel）调酒大师哈利·克拉多克（Harry Craddock）而闻名。

**材料**

- 20ml 伦敦干型金酒（推荐必富达金酒）
- 20ml 君度橙酒
- 20ml 丽莱白利口酒（Lillet Blanc，一种充满美妙柑橘味的加烈葡萄酒）
- 20ml 现挤柠檬汁
- 10ml 苦艾酒，些许柠檬皮油

**调制法**

将所有材料和冰块放入摇酒壶中，然后死命摇晃到快产生幻觉看到仙子为止。将酒液过滤到冰镇过的马天尼杯中，以些许柠檬皮油装饰。这杯调酒的药性可以缓解犀牛级的宿醉，其中的苦艾酒带来幽微但清新的草本香气。

# 10款 必试苦艾酒及法国茴香酒

鉴于它的传奇性酒劲，若你打算细细品味一杯酒，苦艾酒是高难度的选择，但是以下几款（尽管它们毫无疑问都很烈）在我们看来，展现了当你饮用一种配方独特、制作精良的烈酒时，所能体验到的众多美妙特质。

**Pernod Absinthe**

**68% | 法国 · 蒂伊**

酒厂的历史可以追溯到1805年，由亨利路易 · 保乐创办并生产出现今公认第一批商业贩卖的苦艾酒。但在苦艾酒被长期妖魔化并打入冷宫后，酒厂也随之沉寂。直到两百年后，保乐才又再度炮制当年的配方，并在蒂伊建设新酒厂。这支苦艾酒闻起来有独特的茴芹籽味，尝起来则略带草本的苦味。

**Absinthe Roquette 1797**

**75% | 法国 · 朋塔利耶**

这支酒味道复杂，非比寻常，富香料感，是苦艾酒中的野兽派。其配方直接源自于18 世纪晚期的一则秘方，当时苦艾酒仍介于酒和药剂之间。酒色是淡绿色调，兑水后乳化很慢，仍维持着一些清澈度。闻起来植物味很重，几乎是欧洲防风草的味道，还有孜然调性与苦艾苦韵。花点时间品尝这支酒，就会感觉自己回到了美好年代。

### Adnams Rouge Absinthe

**66% | 英国 · 索思沃尔德 · 萨弗克郡**

这支在埃南姆斯酒厂闪亮的蒸馏间里蒸馏出来的苦艾酒，颜色并非传统的绿色，而是鲜明炽烈的红色。这种特殊色泽来自原料中的朱槿花，它的香气也随之在茴香、干燥香料及芫荽子外，多了隐约的花香。敢于不同的索思沃尔德绅士，我们向你致敬！

### Southwestern Distillery Pastis

**42% | 英国 · 康瓦尔郡**

康瓦尔郡的法国茴香酒令人无法抗拒！塔昆 · 里贝特小小的西郡酒厂可说是开了先例——出产唯一在法国境外蒸馏的法国茴香酒。他们小量生产，一次只生产300 瓶。塔昆在当地悬崖上采集荆豆花（有甜甜的椰子香），把它跟其他包括茴芹籽和新鲜橙皮等较为传统的草本植物一起蒸馏。

### Overland Trinity Absinthe

**63% | 美国 · 科罗拉多**

当帕维斯基在2009 年建立第一家酒厂时，可说是淘到金了（好吧，应该是绿），因为他们发现洛弗兰当地布满苦艾。这支酒集合了当地的原料，包括茴香与茴芹籽（这支酒三种草本风味的其中两味），口感不甜又高度芳香，兑入冰水后有绝佳的乳化效果。

### La Maison Fontaine Absinthe

**56% | 法国 · 朋塔利耶**

这支澄澈的苦艾酒是埃米别诺（Émile Pernot）酒厂的精心之作，混合了约15种植物，茴香的植物气味特别明显。最让我们讶异的是，它如此清新爽口，绝对值得搭配好的汤力水，尝试让人耳目一新的享用方法。

### La Clandesine Absinthe

**53% | 瑞士 · 库维（Couvet）**

产于瑞士瓦尔德特维斯（Val-de-Traverse），这里也是苦艾酒的发源地。这支酒酒体清澈，乳化迅速，有鲜明的香薄荷和尘土以及清新的茴香气息。它比一般苦艾酒甜得多，因此无须放太多糖。入口带出强烈的茴芹籽味，一种胡椒般的辛辣感会在口中萦绕好长一段时间。如果法国酒不是你的菜，不用考虑，就是这支了。

### La Fée XS Absinthe Suisse

**53% | 瑞士**

自从苦艾酒在千禧年重新被引介后，这是最为人熟知的苦艾酒旗舰品牌了。它有点像La Clandesine，晶莹剔透又乳化迅速，初尝时不甜，有浓烈草药香，接着是熟悉的茴芹味。它不如某些法国苦艾酒那么强劲，口感几乎称得上绵密。

### Absinthe Sauvage 1804

**68% | 法国 · 朋塔利耶**

戴维 · 内森-麦斯特（David Nathan-Maister）是苦艾酒狂热拥趸，当他前往法国搜寻优质苦艾草时，大概想不到自己会和当地农民一起攀山越岭，寻找这芳香的珍贵野生植物吧。Sauvage（意为“野”）的苦艾酒与我们以前喝过的截然不同，它强烈的苦味平衡了茴香的药草调性以及复杂的香料感。如果有所谓特级苦艾酒，就是这支了。

### Henri Bardouin Pastis

**45% | 法国 · 福卡基耶（Forcalquier）**

独特的味道在口中绽放，超过50 种的不同植物争先恐后要吸引你的注意。虽然以产自法国而自豪，这款酒却不按牌理出牌，有着浓郁的八角香（味道迥异于苦艾酒用的绿茴芹），并以其他不常见的植物原料，如香车叶草（sweet woodruff）、柠檬马鞭草（lemon verbena），以及零陵香豆（tonka bean），来平衡小荳蔻、欧白芷、迷迭香、甘草与百里香的风味。

# 朗姆酒(Rum)

## 加勒比海的海盗酒

| 烈酒名称 | 词源/发源地 | 颜色 | 主要生产国家 | 全球热销品牌 | 主要成分 |
| --- | --- | --- | --- | --- | --- |
| Rum、rhum、rhum agricole(农业朗姆酒)或卡莎萨(cachaça,甘蔗酒)都是。也有以"巴西朗姆酒"来称呼甘蔗酒的。 | 古巴、其他加勒比海岛国,以及拉丁美洲。 | 若蒸馏完直接装瓶,酒色是透明的;若在橡木桶中熟成,则为深色或"金黄色"。 | 古巴、其他加勒比海岛国、拉丁美洲、印度及澳洲。卡莎萨甘蔗酒只在巴西生产,农业朗姆酒只在法属马提尼克生产。 | —Bacardi<br>—Tanduay<br>—McDowell's Captain Morgan<br>—Brugal<br>—Havana Club<br>—Contessa<br>—Cacique | 糖蜜之类的甘蔗产物,或是新鲜甘蔗汁。 |

→哈瓦那的La Bodeguita del Medio。全世界都在模仿它,却无人能出其右……

WAYNE
H
MULGREW
'97
GRAND PRIX
LA ISLA Grande
9/11/97
TREVOR
VICTORIA B.C.
CANADA
VIVA
BETO
TITO
TAKAKO
ZAPOPAN 97
CRISTINA
CHABIS
CARLOS
FELIX

THE FINEST. REDEFINED.
WILD TURKEY
8
Maker's Mark
JAMESON

# 朗姆酒

## 加勒比海的海盗酒

与其说朗姆酒是一种饮品，不如说它代表一种生活方式。甜美又极好入口的朗姆酒已证明它不仅是一款经典烈酒，也是绝佳的鸡尾酒素材，而这款酒的历史更与它的口味一样多彩多姿。

大部分朗姆酒都是在加勒比海和拉丁美洲地区生产的，所以会出现穿着海盗装的约翰尼·德普（Johnny Depp）手持朗姆酒在甲板上逃窜的画面，但朗姆酒的生产并不限于这些区域，它遍布全球，从印度到西班牙都有。由于与甘蔗种植的历史密切相关，就连不知名的小岛也出产朗姆酒，比如马达加斯加东边的留尼汪火山岛（volcanic Réunion），而今日朗姆酒市场中好些特殊品项，正是来自这些小岛。

1 编注：Grog。由朗姆酒及水以1∶4比例调和而成，再加入柠檬或青柠汁与糖调味。

2 编注：Port out, rum home。援引自俗语“Port out, starboard home”，意为“左舷出航，右舷返航”。殖民时代从英国启程往印度时，船身靠岸的左舷侧少日晒，被认为是优等舱房，回程时则相反，因此优等舱房的船票会印上“P.O.S.H”的字样。

### 水手的配给

朗姆酒与海盗之间的羁绊绝非空穴来风，它与海军的关系更是密切。它是英国海军传统上为水手选择的烈酒，以每日配给的“兑水酒”[1]形式发放，有助于让水手们在大海上保持精神振奋。

这种海军补给称为“小不点”（tot），倒酒和饮酒的行为则称作“totting”。虽然英国政府在1970年废止了这种补给，不过这种行为仍存在于皇家海军船舰，只不过必须是在女王（或她任命的人）或高阶海军军官下令“连接主桅操桁索”时。听到这句话，就表示可以将酒分下去喝了。

这种说法其来有自，因为“小不点”原本是用来奖励那些在帆船上完成艰难的紧急修缮任务（比如连接主桅操桁索）的人员，今日仍然沿用这样的做法，来嘉奖某人完成艰难的任务。

每天的朗姆酒配给被撤销，皇家海军的水手们对此可并不太情愿，他们将撤销令执行的那天，也就是1970年7月31号，称为“小不点哀悼日”（Black Tot Day）。如今这一天经常被朗姆酒商用来举办活动，或者选作新产品上市的日子，甚至有朗姆酒品牌就巧妙地取名为“Black Tot”。

让海军与朗姆酒搭上线的，不仅是小不点或“连接主桅操桁索”这个呼号，海军特有的“海军强度”（Navy Strength）朗姆酒也有贡献。不管哪种称呼：海军/海军强度/海事朗姆酒，都没有一定的定义，不过今日这些标签泛指从1600年到1970年恶名昭彰的小不点哀悼日期间，曾经出现在海军船舰上的朗姆酒类型。在那数百年间，海军朗姆酒逐渐从甲板上往民间发展，酒架上开始出现如兰姆（Lamb's）和史密斯克斯（Smith & Cross）等向水手们敬意的知名品牌，因此它们的口味往往较为浓郁，酒精浓度也较高。

←左舷出航，回朗姆乡[2]：水手们排队领取每日配给的朗姆酒，1970年前他们都是这么干的。

### 救命酒

风味突出、酒精度高，这两项关键因素不仅仅是营销噱头而已，而是有重要救命潜力。突出的风味部分肇因于朗姆酒被储放在木桶里，因此带有在木桶里熟成会产生的深度与复杂度。风味的增加使得朗姆酒与青柠汁混合后毫不逊色，而后者是帮助水手抵御坏血病的重要膳食补充剂。

海军朗姆酒较高的酒精度也有助于延长酒在船上的保存期限，因为陈放在木桶中的烈酒酒精度会随时间下降，因此在跨越海洋的漫长航程中，带着高强度酒品出发是合理的。

携带高强度烈酒上船的理由之二，是安全考虑。早在有安检官存在之前，高强度烈酒易燃的风险就被认为有其正面意味。一如标准酒度（proof）的起源（第219页）——烈酒的强度是以酒与火药混合后能否起火燃烧来证明（proved），在军舰上也有同样的需求。要在大海中对抗海盗或保护商船通过危险的水域，火药绝不能失灵，如果你携带的低酒精度朗姆酒漏出来把火药弄湿，那就玩完了：没有炮火就没有防御力，还可能被一群美人鱼攻击，所以，想都别想！

也因此，对当时最强大的海军——英国海军的水手——而言，朗姆酒就是救星，能让他们在恶劣的生活条件下保持神智清醒，帮助抵御没有新鲜饮水可喝所导致的各种疾病，又不会像啤酒那样，让他们在必要时刻无法发挥武力。

# 选择最喜欢的朗姆酒色

虽然海军强度朗姆酒很好喝，但它并不是这甜美酒品的唯一版本。朗姆酒有许多不同类型，通常以颜色来分类。

**白朗姆酒或浅色朗姆酒**

这类朗姆酒未经陈放，或至少没在木桶里待太久，往往蒸馏完就直接装瓶，最适合用来调制鸡尾酒。

**金色朗姆酒**

金色朗姆酒介于白朗姆酒与深色朗姆酒之间，只经过短时间陈放，橡木桶会对它的成色及风味产生些许影响。

**深色朗姆酒**

深色朗姆酒是朗姆酒中的“优级”品，在橡木桶中陈放很长一段时间，这些酒桶通常是装过干邑白兰地、威士忌或波本的。这类朗姆酒特别适宜细品，不过选择时必须要谨慎，因为有些会另外以焦糖色料或糖蜜添加物染色。

**香料朗姆酒**

尽管逐渐增加的深色朗姆酒十分美味，香料朗姆酒的知名度也不遑多让。这类朗姆酒通常添加了肉桂、香草、橙皮等材料来调制，颜色有白有金，但以深色居多。同样地，陈放时间长、酒龄较高的适合纯饮，较年轻、酒色较浅的则适合用来调酒。

**岛屿对朗姆酒的影响**

对于将朗姆酒从加勒比海各岛传播到全世界，大西洋航线的贸易可说扮演了重要角色。海路运输让朗姆酒有时间在橡木桶里熟成，也为酒液添上一股金黄色泽，刚蒸馏完的粗涩口感也变得更柔顺、成熟、浓郁，不仅如此，这种烈酒也让殖民者赚得盆盈钵满。朗姆酒后来成为用以在非洲沿岸交易奴隶的商品，为它的历史抹上阴影。不过，现在的朗姆酒早已摇身一变，成了派对上的轻松饮品。

虽然安提瓜（Antigua）、巴巴多斯（Barbados）和巴哈马（Bahamas）等小岛，都能宣称自己是朗姆酒早期流通品牌的发源地，但哈瓦那俱乐部（Havana Club）和百加得（Bacardi）等知名品牌的发源地，却是古巴这个岛屿。世界知名的哈瓦那俱乐部目前有点人格分裂：全球贩卖的哈瓦那俱乐部是由保乐力加（Pernod Ricard）和古巴政府合资的品牌，如其品牌名是在古巴生产，然而由于该品牌昔日留下的问题，它在美国的经营权有诸多争议，加上美国对古巴产品实施禁运，境内买得到的哈瓦那俱乐部，其实都是由百加得在波多

←朗姆酒是一种可以开怀畅饮的饮品，也用于多款流行鸡尾酒中，不过内行人也可以细细品饮它的陈年版本。

黎各生产，主要在佛罗里达州少量贩卖。

不管是白朗姆酒还是金色朗姆酒，都已经成了酒吧架上的必备品。不论是纯饮或调酒，朗姆酒都已跻身世界最大烈酒品项之一，且在十年前卷土重来后丝毫不见退烧迹象。

## 生产价值

既然朗姆酒与加勒比海岛屿的联结这么强，可以想见它的原料就是各式各样的糖或糖的衍生物，像是糖蜜，再经过我们现已熟悉的发酵及蒸馏过程。

在制作其他烈酒如麦芽威士忌时，我们需要额外的步骤来将原料中的淀粉分解成糖，再由酵母将糖转化成酒精，然而朗姆酒的原料已经是糖了，所以酵母可以直接从这些糖分下手，制造酒精。

如果是以谷类为原料的烈酒，发酵过程就会产生类似啤酒的东西。事实上，威士忌的起源就和透过蒸馏来“保存”啤酒深具关联。生产朗姆酒时，甘蔗“酒”也可以直接饮用，这种酒在菲律宾十分盛行，自成一类，叫作“basi”。

回过头来谈朗姆酒的生产。制作烈酒就像订披萨：首先要选饼皮（以朗姆酒来说，就是糖），然后选择配料（蒸馏方式）。你可以走经典路线（玛格丽特披萨），也就是壶式蒸馏，或者更时髦的选择（就用BBQ鸡肉披萨代表），即柱式蒸馏。朗姆酒和伏特加一样，就好比是50/50 披萨[3]，没有硬性规定要用哪种蒸馏方式。实际上，两种方式都有人采用。

一旦蒸馏出烈酒，就可以直接装瓶成白朗姆酒，或放入橡木桶中熟成深色、金色朗姆酒，甚至调味成香料朗姆酒。无论是哪一种，都可以标示为朗姆酒。

3 编注：50/50 Pizza。位于华盛顿特区的披萨餐车，客人以转盘决定披萨价格是99美分或9.99美元后，再自行选择配料。

# 农业朗姆酒及甘蔗酒（Rhum Agricole & Cachaça）

## 甘蔗的迷人表亲

### 农业朗姆酒RHUM AGRICOLE

农业朗姆酒跟朗姆酒的制造方式有点不一样——使用的是鲜榨的甘蔗汁而非糖蜜。法属马提尼克岛在欧盟法规下拥有自己的产地标示，并规定只能使用岛上23个指定地区的甘蔗所榨的汁来生产。马提尼克的农业朗姆酒分为三类：

**白（Blanc）**

酒液透明无色，且陈放不超过3个月。

**桶陈（Élevé sous bois）**

指陈放至少12个月的农业朗姆酒。

**陈年（Vieux）**

至少陈放3年的农业朗姆酒。

值得注意的是，任何地方都可以制造农业朗姆酒，生产农业朗姆酒的一般朗姆酒厂不在少数，但只有用马提尼克当地甘蔗汁制造的，才需要遵守上述规范。

### 卡莎萨甘蔗酒CACHAÇA

卡莎萨甘蔗酒其实就是巴西的甘蔗烈酒，制造方式跟农业朗姆酒差不多。美国是卡莎萨甘蔗酒的主要市场之一，但是直到2013年年中新法通过之前，所有甘蔗烈酒都被统称为“朗姆酒”。卡莎萨甘蔗酒不在朗姆酒法规定义之内是因为，有些卡莎萨甘蔗酒在发酵阶段使用了大麦麦芽之类的原料，因此过去在美国是标示为“巴西朗姆酒”，不过经过制造商与巴西政府的游说，美国终于修法让产自巴西的产品能标示为“卡莎萨甘蔗酒”，不再用“巴西朗姆酒”的名号。如今，卡莎萨甘蔗酒已稳居巴西最受欢迎的烈酒宝座（也是托外国烈酒进口税超高的福）。

早期卡莎萨甘蔗酒的生产，奠基于葡萄牙人16世纪时在巴西建设的甘蔗园，原本就有高超蒸馏技术的葡萄牙人发现，无需多费气力就可用发酵甘蔗汁制作出甜美可口的烈酒。

就像朗姆酒一样，卡莎萨甘蔗酒也有两种：未陈年的（白）及陈年的（金色）。甘蔗酒在巴西境外之所以出名，主要归功于它是调制卡普利亚鸡尾酒（第116页）的材料之一，我们相信，这种鸡尾酒正是享受甜美甘蔗酒的不二选择。

→这张早期的朗姆酒广告，见证了这种烈酒跨越时空的魅力。

RHUM CRÉOLE
HAVRE
Entrepôt Général au HAV
MARQU
UM
CRE
Propriété de la Maison
Bussy
St. Pierre Martinique HAVRE

# 卡普利亚

## The Caipirinha

爱读小说的人常会告诉你，翻拍自小说的电影永远比不上原著。好莱坞光环、魅力四射的演员、平易近人的剧本，这些都是为了迎合大众喜好，多数时候这一套是行得通的，由畅销书改编的影片也会创下票房佳绩。对我们来说，卡普利亚就是那本原著小说，而莫吉多（Mojito）就是那票房破百万、甜美又平易近人的改编电影。莫吉多是以白朗姆酒为基酒的经典调酒，在结构上与巴西卡普利亚（Brazilian Caipirinha）差不多，只不过加了苏打水冲淡，又用薄荷柔和口味，并加入大量的糖来增加甜度。反观普利亚，就是直截了当的版本。下面是调制法。

**调制法**

抓一把青柠角丢进威士忌杯中，用捣棒捣出青柠汁。倒入50ml甘蔗酒、一小茶匙糖浆，以及冰块（碎冰或小冰块），然后好好搅拌均匀。插上吸管，就完成一杯超清爽、强烈、可口的鸡尾酒，最适合在夏日酷暑中饮用。

# 飓风

## The Hurricane

如果你恰好有一个装满了各式朗姆酒的烈酒柜，又不想只用它们来调潘趣酒（想知道我们对潘趣的建议，请见第58 页），从飓风鸡尾酒着手准没错。跟往日情怀鸡尾酒一样，这款调酒出名到有以它命名的酒杯。

其实飓风鸡尾酒就是将白朗姆酒与深色朗姆酒混合，再加上热带水果的果汁，如青柠、菠萝以及百香果等。如果你想简单一点，不一定要用传统有弧度的飓风杯，但杯子容量大一点会比较好。

在平底杯中装满冰块，加入各50ml 的深色朗姆酒及白朗姆酒，以及喜欢的热带水果汁。最好混入一些很甜的材料，比如调味糖浆之类的。差不多就这样了，真的。理解这款鸡尾酒最好的方法，就是把它看作使用了两种朗姆酒，而且是装在酒杯里的潘趣。

这款传统调酒成形于1940 年代的新奥尔良，创作者是调酒师帕特·欧布莱恩（Pat O'Brien），当时用的是青柠和百香果。它不但令水手们为之倾倒，也让飓风与朗姆酒的联系更密切了。

这款调酒变化多端，有一家酒吧就调出了有自己特色的飓风。娜拉（NOLA，根据当地人的说法，是New Orleans/Louisiana的缩写）是一家位于伦敦的酒吧，为了向店名致敬，酒单上有一区全是这款源自新奥尔良的调酒，他们提供了五种不同的飓风，但不是每种都含有朗姆酒。光是为了品尝这一系列飓风调酒就值得一去。

# 行家会客室

» 让 · 弗朗索瓦 · 柯尼希（Jean Francois Koenig）

**莫里西斯｜梅迪恩酒厂（Medine Distillery）**

梅迪恩酒厂位于莫里西斯岛上，由首席制酒师让·弗朗索瓦·柯尼希制造朗姆酒，陈放于不同类型酒桶。他的新作“Penny Blue”（第123页）是与道格·麦基弗（Doug McIver）合作的产物，结合了两位专家的嗅觉与酿酒知识。麦基弗来自贝瑞兄弟与路德公司（Berry Bros. & Rudd），这家酒商位于伦敦的梅菲尔（Mayfair），是世上最古老的葡萄酒与烈酒商。

**让你的朗姆酒与众不同的秘诀是什么呢?**

“首先从朗姆酒本身说起。我们在莫里西斯制造朗姆酒已经很多年了,但主要都是白朗姆酒和浅色朗姆酒。这是我们饮用的风格,把朗姆酒用作调酒也是莫里西斯的传统。由于政策改变,我们在1980年代开始陈放某些朗姆酒。由于酒体轻盈的朗姆酒没办法熟成得很好,所以我们改为生产一款酒体较重的朗姆酒,但是用较低的温度和速度来蒸馏。”

**熟成过程是如何进行的?**

“我们决定要让朗姆酒熟成时并没有前例可循,所以尝试了不同的做法,比如用旧干邑桶、旧波本桶、旧威士忌桶……真的就是在摸索,我们还加进红色水果和果干,有些成品还真的很不错。我们也发现了不同酒桶之间的具体差异。”

**跟我们谈谈酒厂吧。**

“我们酒厂也制造其他的酒,但是Penny Blue 是真正以手工少量制作产品。酒厂位于莫里西斯干燥的西海岸,当地种出来的甘蔗糖分含量很高。降水量少让糖分更浓缩,因此我们有很丰富、很棒的原料可以蒸馏。我们的发酵程序比较特别,会在过程中随时间推移加入糖蜜。”

**你在酿制Penny Blue时秉持的精神是什么?**

“有人形容它是威士忌爱好者会喝的朗姆酒,它收尾较干爽,风味平衡因此显得较为成熟,因为它由一系列不同酒龄的原酒组成——从最年轻的4年到最老的10年。这关乎如何在那些已经能装瓶上市的酒桶之间取得风味上的平衡,有些‘明星酒桶’不需要陈放很久,酒液就已经相当成熟了。”

**说说这里的熟成环境。**

“这里的平均气温很高,我们的‘天使的分享’(第23 页)是一年6%左右,几乎是苏格兰威士忌的两倍。我们有些木桶在高酒龄时表现出色,但大部分的巅峰期并不长,从3 年、5年到8年都有。”

请以三个(英文)字形容Penny Blue。“创新(innovation),愉悦(pleasure),欢乐(conviviality)。”

# 10款必试朗姆酒

说到怎样才算是好的朗姆酒，除了适用所有烈酒的准则外，其实没有一定的规则。如果是要用来调酒，最好选用白朗姆酒，或是也很常用的香料朗姆酒。反之，如果想找一杯长期熟成的朗姆酒，最好选口感平衡、不太甜也不太苦，酒体表现良好且酒精度适当的。从雪茄到甜点，好的朗姆酒跟什么都能搭，同时也是绝佳的开胃酒。

## La Hechicera Fine Aged Rum

**40% 哥伦比亚**

Riascos家族在酒厂中混合来自加勒比海各区的朗姆酒。这款特级陈年朗姆酒柔和又不太甜，还经过好些时间的陈放，并采用索雷拉系列（Solera system）中酒龄在12年到21年的朗姆酒调制，也就是把不同年分的酒液装在同个酒桶里，所以每一瓶都会有些酒龄极高的酒。“La Hechicera”是西班牙文“魅惑女妖”之意，有着蓝色封瓶蜡的酒瓶美得惊人，用来装盛这位丰腴的朗姆酒仕女，是再雅致不过的搭配。

## Maison Leblon Reserva Especial Cachaça

**40% 巴西**

吉勒斯·默勒（Gilles Merlet）是列布隆（Leblon）的创办人兼首席酿酒师，他采用工艺制程，比如人工收割甘蔗，并在榨汁后3小时内进行加工。列布隆以铜制壶式蒸馏器分批少量生产，取得“手工蒸馏甘蔗酒”（Artesanal Cachaça de Alambique）的认证。这款酒在法国橡木桶中陈放长达2年，赋予它浓郁的烤橡木味。

### El Dorado Special Reserve 15-Year-Old Rum

**40% 圭亚那**

这间圭亚那唯一的朗姆酒酒厂，因坐落在钻石农园（Diamond plantation）的三座木质蒸馏器而闻名。这款酒使用当地德梅拉拉糖提炼的糖蜜，加上潮湿的气候，使得快速熟成的朗姆酒丰富度远超越实际酒龄。本款所用原酒至少都经过15年陈放，不过也提供其他酒龄的产品。

### Santa Teresa 1796 Ron Antiguo de SoleraRum

**40% 委内瑞拉**

自从1885年在欧洲取得铜制蒸馏器后，圣特里萨酒厂（Santa Teresa）产量大增成为委内瑞拉最杰出的朗姆酒制造商之一。他们的朗姆酒陈放于美国白橡木桶和法国利穆赞橡木桶中。这款产品以索雷拉系列调和而成，酒龄在15年左右。横扫各大奖项的这支酒有着丰富的蜂蜜及香草带有些微香料，同时带有些微香料气息。

### The Kraken Black Spiced Rum

**47% 特立尼达及多巴哥**

克拉肯（Kraken）引领香料朗姆酒的新风潮，在调酒界有一群忠实的支持者。他们的灵感源自大海（还有比这更适合朗姆酒的吗？）品牌名称取自外形如巨型乌贼的神秘海怪。这款酒由特立尼达及多巴哥的安哥斯图拉酒厂（Angostura Distillery）生产，陈放时间在1至2年间，并加入肉桂、姜及丁香来调味。

### Penny Blue XO Single Estate Mauritian Rum

**44.1% 莫里西斯**

品牌名Penny Blue源自莫里西斯1874年发行的一款珍稀、抢手的邮票。这是梅迪恩酒厂的尚·方索·古尼与贝瑞兄弟与路德公司的道格·麦基弗合作的产品，少量生产，首次发行时仅有3,444瓶，散发柑橘、香草及浸渍在糖浆中的热带水果味。

### Novo Fogo Silver Cachaça Orgânica

**40% 巴西**

Novo Fogo是家族式经营的生态友善酒厂。他们将目标放在新兴蓬勃的出口市场，尤其是美国地区。没有经过桶陈的甘蔗酒常常显得粗涩，但他们清澈的甘蔗酒则十分顺口。这款产品是在大型不锈钢酒槽中陈放1年，为酒液添上一抹滑顺的余韵。

### Rum Sixty Six Family Reserve

**40% 巴巴多斯**

这款酒产于传奇性的四方酒厂（Foursquare Distillery），由糖蜜小批量蒸馏而成，一次只产大约110桶，且至少陈放12年。所用原酒兼由柱式蒸馏器，与较具工艺感的铜制壶式蒸馏器出产，口感丰富带有果味，风味得益于在美国白橡木桶中快速熟成。酒名中的“66”取自巴巴多斯脱离英国独立的1966年。

### Brugal 1888 Ron Gran Reserva Familiar Rum

**40% 多米尼加共和国**

位于普拉塔港（Puerto Plata）的布格公司（Brugal &Co）生产许多不同的朗姆酒，其中最具开创性的则是这支酒，1888正是酒厂推出首款陈年朗姆酒的年份。有部分酒液是在雪莉桶中熟成，因此拥有馥郁的果香。装瓶也十分讲究，有需要的话，瓶口带有厚重金属的软木塞应该可以拿来防身！

### Neisson Rhum Agricole Blanc

**55% 马提尼克**

属于家族企业的内松酒厂（Distillerie Neisson）成立于1931年，是马提尼克极富名望的农业朗姆酒制造商，拥有34公顷的甘蔗田。为了使口感圆润，内松的酒都要在钢制酒槽中陈放3个月以上，没有制成白朗姆酒的都要放入橡木桶中熟成，成为不同年分的酒款。至于白朗姆酒则甜美顺口，隐约有糖霜和香草风味。

# 威士忌（Whisky）

## 谷物酒之王

| 烈酒名称 | 词源 / 发源地 | 颜色 | 主要生产国家 | 全球热销品牌 | 主要成分 |
| --- | --- | --- | --- | --- | --- |
| Whisky。爱尔兰和美洲地区拼作“Whiskey”。这个字据信是来自盖尔语“uisge beathe”，意为“生命之水”。 | 历史学家对此有诸多争论。比较可能的说法是，由12世纪爱尔兰的修士开始制作，经由爱尔兰海传入苏格兰。 | 从浅金色到鲜明的栗子色。颜色取决于酒桶的种类和在桶中熟成的时间。 | 美国、加拿大、苏格兰、爱尔兰、日本、澳洲、中欧，以及印度。 | —尊尼获加<br>—杰克丹尼<br>—加拿大俱乐部<br>—格兰菲迪<br>—格兰威特<br>—芝华士<br>—金宾<br>—美格 | 苏格兰威士忌是以大麦麦芽经过发酵和数次蒸馏后，在橡木桶中熟成。美国威士忌则是用玉米、小麦，以及黑麦。 |

MONKEY SHOULDER
BLENDED MALT SCOTCH WHISKY
THE GLENROTHES
SELECT RESERVE
ELIJAH CRAIG
KENTUCKY STRAIGHT BOURBON WHISKEY

# 威士忌

## 谷物酒之王

**你可能喜欢或甚至热爱威士忌，但到底什么是威士忌？整体来说，烈酒已经是个庞大、多样化的部门，而威士忌作为烈酒的子类别，在多样性及吸引力上却是不遑多让。所以，说到威士忌，该从何谈起呢？这个嘛，在开始讲解生产方式、熟成和调和之前，我们需要先搞清楚一件事——拼法。**

### 要E还是不要E

究竟是“whiskey”还是“whisky”？到底要不要加“e”取决于你身处的地区。一般说来，苏格兰的威士忌不加“e”，诸如瑞典、日本和印度所制造的单一麦芽威士忌也不加。苏格兰威士忌向来给人顶级的印象，对其他想与之看齐的国家来说，不论是苏格兰威士忌产业的产值，或是产品名称拼写方式，都是促使他们竞逐相同消费群体的原因。拼法中有“e”的威士忌，通常来自爱尔兰或美国，但也有像美格（Maker’s Mark）或贝尔柯尼斯德州单一麦芽威士忌（Balcones Texas Single Malt Whisky）这样的例外（第151页）。

但真正的重点在于不要太过在意这个问题，一切只是拼法差异，重要的是杯里有威士忌，而不是威士忌里有没有“e”，正如同“flavour”（风味）这个字，重点不在有没有“u”[1]，而是到底有没有风味。为了使用方便，起码为了节省墨水，这个章节将采用“whisky”这个拼法，除非谈的是爱尔兰或美国威士忌。

整体而言，威士忌是指任何以谷类产品为原料，经过蒸馏后在橡木桶中熟成的烈酒。和所有烈酒一样，威士忌原料不尽相同，且常与威士忌产地以及酒厂所在地传统种植的作物有关。

1 编注：“flavour”是英式拼法，美式拼法没有“u”。

苏格兰

# 威士忌的故乡

让我们从公认为威士忌故乡的苏格兰谈起吧。在苏格兰，麦芽和谷物威士忌这两种不同的威士忌种类，是由两种不同的原料制成。不管是麦芽还是谷物威士忌，都需要在橡木桶中陈放至少3年，才能成为符合法规的威士忌。桶陈是为了给烈酒时间熟成，以增添风味和色泽。苏格兰的环境很适合长期熟成，长年的低温意味着，比起其他威士忌生产国，苏格兰威士忌的天使的分享（见第23页）比较少。苏格兰天使显然是最懒的！苏格兰威士忌在威士忌世界的尊崇地位，靠的就是这缓慢的熟成过程。

# 酵母的快餐——发酵

发酵过程对威士忌来说非常重要！酵母必须分解糖才能制造出酒精，而许多不同的谷物都含有糖，只不过通常是以较复杂的淀粉形式存在，因此酵母较难加以分解。发酵就是将藏在其中的淀粉变成链接较短、较单纯的糖，以利酵母分解。大麦是制造麦芽的最佳谷物，透过创造适合大麦生长的环境，便能进行发麦。这种环境通常得温暖、潮湿，不过关键还是时间，因为如果不适时中止，继续生长的大麦就会将糖分消耗殆尽。经由加热大麦到一定程度，我们得以中止发芽过程，使大麦停止生长。烘干大麦之后，会留下充饱糖分的迷你手榴弹，给酵母大快朵颐。

## 麦芽威士忌

第一种，可能也是全世界最出名的威士忌，即为单一麦芽威士忌。它的原料仅有三样：水、大麦、酵母，并且要在单一酒厂以铜制壶式蒸馏器进行蒸馏（第20页）。有时候，这些威士忌用的大麦会先以泥煤熏烤过，使得威士忌带有泥煤风味，消费者对这种威士忌的接受度两极分化严重：极爱，或是极厌恶！艾雷岛、斯凯岛（Skye）和奥克尼群岛（Orkney）是最知名的泥煤威士忌产地，诸如拉佛格（Laphroaig）、雅伯（Ardbeg）、泰斯卡（Talisker）和高原骑士（Highland Park）等，皆以制造泥煤味显著的威士忌著称。以拉弗格来说，它的威士忌带有特殊的药水味。至于未经泥煤烟熏的苏格兰单一麦芽威士忌，全世界最畅销的两大品牌——格兰威特（Glenlivet）和格兰菲迪（Glenfiddich），都散发一抹轻盈的新鲜果香及更加顺口的麦芽甜味。苏格兰的单一麦芽威士忌蒸馏厂多不胜数，造就其多样化的风味，然而对大部分蒸馏厂来说，单一麦芽威士忌并非他们的销售主力，因为大多数的单一麦芽威士忌蒸馏厂存在的目的，是为了供应调和威士忌（blended whisky）。

## 调和及谷物威士忌

一如其名字所示，调和威士忌混合了多种单一麦芽威士忌，或是苏格兰另一种主要威士忌产品——谷物威士忌。谷物威士忌是在较大的厂房，以巨型柱式蒸馏器（第21页）生产，任何谷物皆可作为原料，成品风味会比麦芽威士忌甜，也更轻盈。虽然单一谷物威士忌不如单一麦芽常见，受欢迎的程度却直线攀升，部分原因是单一麦芽愈来愈稀有，价格更是水涨船高，另外则是，大家发现它其实颇为易饮。

尽管与调和威士忌相比，苏格兰单一麦芽威士忌的销量相形见绌（前者占全球苏格兰威士忌销售的92%），但这反而让苏格兰大部分的单一麦芽威士忌蒸馏厂得以生存，因为像尊尼获加（Johnnie Walker）、芝华士（Chivas Regal）和顺风（Cutty Sark）等全球知名品牌，在助长威士忌在全世界销量的同时，也扩大了进阶威士忌饮用者的消费市场，使酒厂得以销售单一麦芽产品。所以，听到有人批评调和威士忌时不妨晓以大义，让他们少说话、多喝酒。

←在制作大麦麦芽的时候会需要燃烧泥煤来烘干，泥煤也为威士忌增添了一股消毒药水味。

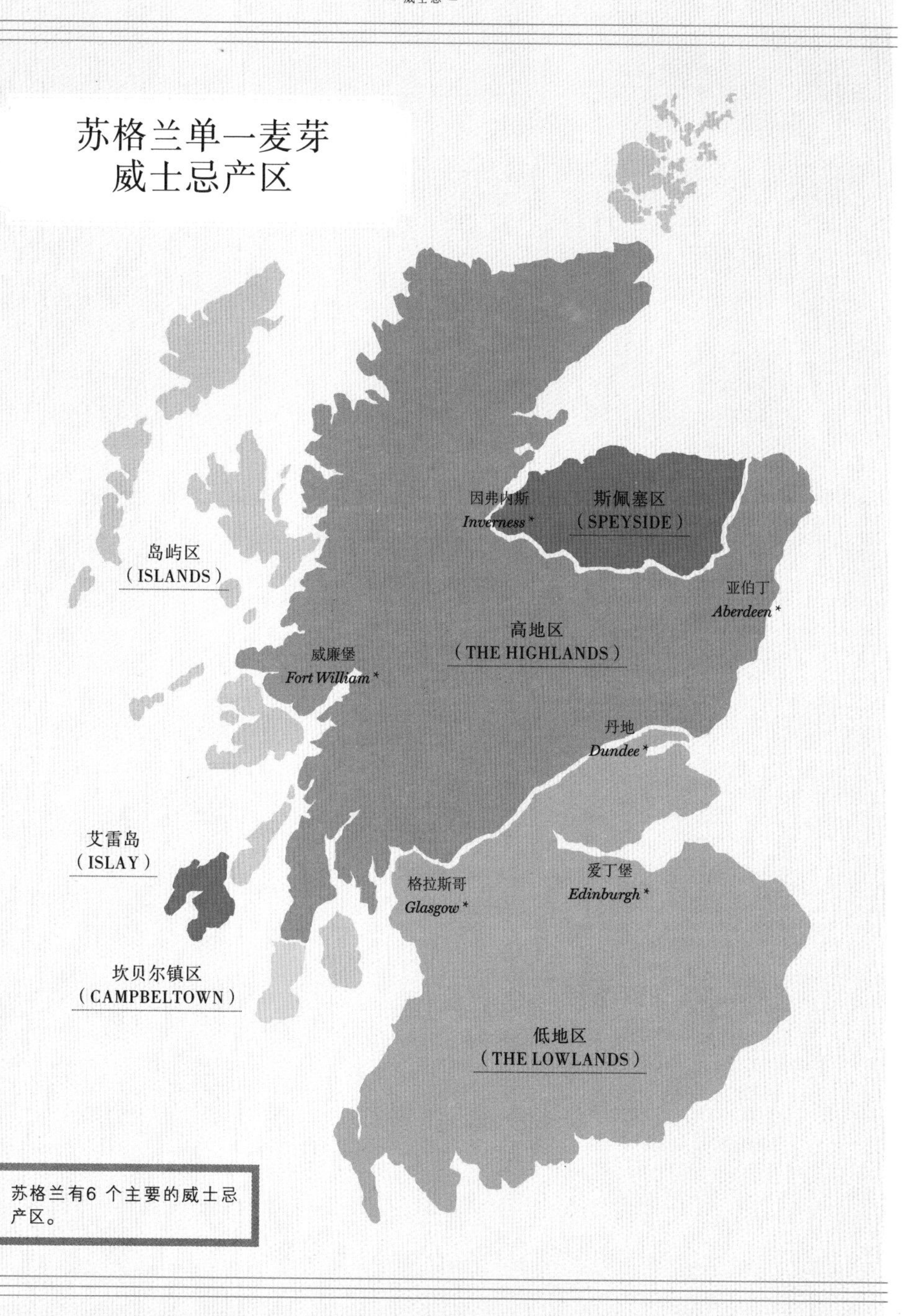


苏格兰有6 个主要的威士忌产区。

# 美国

# 养育威士忌的家园

虽然许多人认为波本威士忌是美国土生土长的烈酒，其丰富芳醇的历史实际上可回溯到两百多年前的欧洲移民，以及孕育、施行于苏格兰、爱尔兰（甚至是韦尔斯）等地的蒸馏技术。毫无疑问，波本与苏格兰、爱尔兰威士忌一样有丰富的文化传承，也同样经历过喜好度与消费量的起落。最早在波本郡（Bourbon County，取自在独立战争援助美国击溃英军的法国波旁王朝）生产威士忌的先驱之一，是移民自韦尔斯的伊凡·威廉斯（Evan Williams）。根据记载，美国威士忌界另一位名人杰克·丹尼尔（Jack Daniel）的祖父母也分别来自韦尔斯及苏格兰。

随着波本郡声名大噪，传说也愈来愈多。相传节俭的牧师伊莱亚·克雷格（Elijah Craig）将波本威士忌存放在用过的木桶中，并且会先把木桶内壁烤焦，以去除先前内容物留下的痕迹。随着威士忌销往美国各地，众人渐渐发现这焦化程序能让酒质更加滑顺香醇，酒液也染上浓郁的深褐色。这种传统手法几经波折，终于在1936年列入美国法律规范，规定波本威士忌只能用全新的内壁焦化木桶。用完的木桶大多会被运到苏格兰，用来盛装单一麦芽苏格兰威士忌，赋予它们类似的水果和香草气息。（酒桶的使用方式见第140－141页）

↑不同酒厂之间的古典柱式蒸馏器高度可能差异很大。

## 蒸馏传承

波本通常会蒸馏两次，主要使用柱式蒸馏器，少数酒厂会用与苏格兰类似的壶式蒸馏器，比如肯塔基的渥福酒厂（Woodford Reserve Distillery）即为一例。酒厂间最重要的差异之一（大部分美国波本酒商听到这里就会竖起耳朵），在于用来制作发酵麦醪的酵母菌株。

不少波本酒厂都精心保有不同的酵母菌株，有些可以回溯到很久以前。四朵玫瑰的（Four Roses）首席制酒师吉姆·拉里吉（Jim Rutledge）曾追踪不同酵母为烈酒成品带来的不同风味，也正是这股狂热让今日的波本酒厂与过往、先人建立起联系，同时也确立了一个事实：美国蒸馏文化五彩缤纷、生机勃勃，生产的烈酒质量绝佳，且个性鲜明。

# —波本的混搭—

那么波本是如何酿造的？好吧，肯定跟苏格兰威士忌有点不同。首先，它的基本成分通常是三种谷物：玉米、黑麦及大麦麦芽。这个组合称作“谷物配方”（mash bill），就像人的DNA，每款波本的谷物配方都不尽相同。每种谷物若能达成完美平衡，就会创造出圆润又层次丰富的烈酒，能够品尝出每种谷物独有的特殊风味。

**玉米**

这是波本威士忌谷物配方中的主要成分，根据法规，配方中的玉米含量必须超过51%。玉米除了能产生更多酒精，还能赋予酒液一种独特的甜味——甜玉米可不是浪得虚名的！数十年来，玉米威士忌都是私酿者的专属领域，他们会将未经陈年的浅色烈酒装在果酱罐里低价贩卖，如今单一玉米威士忌因其独特甜味而愈来愈受调酒师欢迎，尤其是贝尔柯尼斯酒厂（第138页）老板奇普·泰特，生产了多款出色的陈年玉米威士忌，大大推进了此类烈酒的发展。

**黑麦**

这是波本威士忌风味的主要来源，赋予谷物配方一种干爽，带胡椒、辛香料感的基调。若是吃过黑麦面包，就会知道波本中特殊的温暖调性源自何处。若黑麦用得太多，威士忌的风味就会变得不均衡，过去曾有美国酒商高明地运用这一点，推出凸显黑麦风味的威士忌，这种美式威士忌生产方式目前极受青睐，因为它鲜明、大胆、独特的味道，不管是调制经典美式威士忌鸡尾酒还是加冰块啜饮，表现都十分出色。

**大麦麦芽**

大麦麦芽能帮助所有风味融合为一，它本身则会赋予烈酒丰醇的麦芽味。随着美国工艺酒厂快速激增，愈来愈多人用大麦麦芽来酿造美国单一麦芽威士忌（法律上不归类为波本威士忌）。这种威士忌与苏格兰威士忌有类似的特质，但因陈放的环境条件不同（通常温度会高得多），而发展出前所未有的风味特征。

**其他谷物**

有些酒厂，例如极受欢迎的美格（Maker’s Mark），会使用小麦来为波本增添额外的绵密口感，但可用的选项绝不仅止于此。某些实验风格强烈的酒厂开始采用极为小众的谷物来蒸馏：荞麦、单粒小麦（einkorn）、小米、薏仁以及藜麦；这些谷物都有可观的酒精产量，有时甚至会带出极为狂野的风味。

## 爱尔兰，东山再起的强权

爱尔兰曾聚集了大批威士忌制造商，但在美国禁酒令时期受到重创，如今随着岛上小型蒸馏厂如雨后春笋般出现，威士忌的生产再度复苏。

布什米尔酒厂（Bushmills Distillery）坐落在北爱尔兰最北边的巨人石道岬（Giant's Causeway）附近，在它的带领下，爱尔兰单一麦芽威士忌愈来愈受欢迎，然而爱尔兰威士忌真正的巨头却是南方的米尔顿酒厂（Midleton）。

米德尔顿使用巨大的铜制壶式蒸馏器，以含大麦及大麦麦芽的混合谷物配方制造不同种类的威士忌。这间酒厂的蒸馏器如此之庞大，意味着蒸馏出的酒心其风格和风味都有所不同，加上在不同类型木桶中长短不一的熟成时间，结果就是米尔顿可以生产出不同类型的“单一壶式蒸馏威士忌”，风味特征皆各异。除此之外，他们也能生产谷物威士忌和调和威士忌，如广受欢迎的尊美醇（Jameson）爱尔兰调和威士忌、金酒和伏特加。

这两家酒厂有一项共同之处—威士忌都经过三次蒸馏，不像苏格兰威士忌只蒸馏两次（格拉斯哥附近的欧肯特轩〔Auchentoshan〕是显著的例外）。如果你问苏格兰酿酒师为什么会这样，他八成会嘲笑道：“爱尔兰人需要做三遍才能搞对，我们只需要两次！”事实是，三次蒸馏能让酒的口感更轻盈，不仅熟成效果好、易于饮用，同时也适用于调制鸡尾酒。

## 日本，东升的旭日

假想一下在苏格兰推销日本威士忌的销售员，在过去二十年间要面临的情况。他的工作就像“运煤到纽卡斯尔”[2]这句谚语一样，几乎是白费工夫，尤其是要在洋溢着优越感的本国市场销售引发高度争议的商品，更是难上加难。尽管如此，这位推销员仍坚持不懈，几年下来日本威士忌稳定地成长，从一开始狭隘的利基定位，成长广为国际所接受且屡次获奖的烈酒。日本威士忌无疑是同类商品中的成功案例，其风味的特殊性也太过重要，绝对不容错过。

**日本制作威士忌的历史，**可以追溯到1920年代初的两位先驱：满怀热忱的竹鹤政孝（Masataka Taketsuru）和鸟井信治郎（Shinjiro Torii）。为了揭露并带回制作苏格兰威士忌的秘密，制作出日本第一瓶威士忌，竹鹤曾赴苏格兰学习有机化学，他在哈泽本酒厂（Hazelburnt Distillery）考察了一段时间，了解蒸馏运作的复杂过程，以及威士忌的整体风味来源。这样算不算商业间谍？也许吧。他的坚

2 编注：原文中“Carry coals to Newcastle”，纽卡斯尔自中世纪以来说是产煤中心，因此是在暗喻徒劳无功。

持最终获得了回报，1923年他与鸟井合作，建立了日本第一座威士忌酒厂，也就是今日坐落在距京都不远的山崎酒厂。虽然山崎的气候比赫佐本酒厂所在的坎贝尔镇区暖和些，但还是有相似之处，且当地环境十分适合让威士忌在木桶中缓慢熟成。

一场制酒革命就此展开。日本威士忌在过去九十年间逐渐成气候，两大领导品牌分别是三得利（Suntory）及日果（Nikka），前者旗下有山崎和白州（Hakushu）两家蒸馏厂，后者则是竹鹤于1934年与鸟井分道扬镳时所创，旗下有余市（Yoichi）和宫城峡（Miyagikyo）两间蒸馏厂。这两大集团都着眼于制作口感浓烈的单一麦芽威士忌，不但表现出独特的果味、香气及些微辛香气味，少数甚至有泥煤味，一如苏格兰艾雷岛的威士忌。

调和威士忌也是日本国内的烈酒大宗，有几个品牌极适合“嗨棒”（Highball，加透明冰块与优质的苏打水）或“水割”（Mizuwari，加无气泡矿泉水）这种缓慢悠闲的喝法，比如响（Hibiki，即便没机会喝，也务必上网搜寻它的瓶身设计）、角瓶（Kakubin）和日果的“FROM THE BARREL”。讨厌威士忌“烈酒感”的朋友们，这些简单的饮品肯定会让你们改观，喝起来真的不一样喔！

主导今日市场的除了这些领导品牌，还有四间生产不同风格和特点的威士忌酒厂，其中最有意思的是2008年肥土伊知郎（Ichiro Akuto）成立的秩父酒厂（Chichibu Distillery，第142页），以及经营位于兵库县西南部白橡木酒厂（White Oak Distillery）的江井ヶ嶋公司（Eigashima），他们生产威士忌的历史都和山崎酒厂差不多。

尽管与大厂相比显得势单力薄，这些小型酒厂已经开始在市场上取得突破，而且由于现今的零售商水平愈来愈高，买到日本威士忌的机会也增加了。在我们看来，它们与苏格兰产的相比不仅毫不逊色，某些情况下（嘘，小声点）甚至可能还要好上那么一点。

↑曾远赴苏格兰取经的竹鹤政孝，常被尊为日本威士忌教父。

←爱尔兰米德尔顿酒厂出了名的巨大铜制壶式蒸馏器。

# 其他威士忌生产国

生产威士忌可不是前述四个国家的专利。拿一张世界地图跟一盒图钉来，我们估计，要标出所有生产威士忌的地方（从澳洲到瑞典再到中国台湾），大概会用到27颗图钉。不过，虽然都叫威士忌（无论有没有“e”），每个地区的生产过程、原料、木桶类型，以及烈酒成品所需的熟成时间都不同。以奥地利维菲勒罗根霍夫工艺酒厂（Waldviertler Roggenhof）为例，约翰·海德（Johann Haider）首创采用新的曼哈堡橡木酒桶，使得产出的黑麦麦芽威士忌有种特别的甜味和树汁香气。某些传统派人士永远无法接受这类威士忌，因为它们太过偏离一般认知中的经典口味，但对其他人来说，这类威士忌为看似无趣、过时又难以亲近的威士忌开启了一扇有趣的窗口。

→威士忌在印度很受欢迎，不过要注意，并非所有印度威士忌都是以谷物酿制的。

## 印度兴起的威士忌边疆

在光谱的另一端是印度。令人惊讶的是，印度是全球消费威士忌最多的国家，不过那里喝到的威士忌，除了少数几个一流的品牌如Amrut和Paul John单一麦芽威士忌以外，多数都不能归类为我们所熟知和热爱的威士忌。它们的风味特征更像甜美的朗姆酒，因为原料不是发芽谷物，而是糖蜜。可怕的事实是如果将印度四大威士忌酒厂的销售数字相加，足以把整个苏格兰威士忌在全世界的销量比下去。然而由于欧洲和美国都有规范威士忌制造程序的法规，你不太可能看到这些品牌怪兽出现在本地商店的货架上。

可以确定的是，印度这复杂市场对所有类型的威士忌皆来者不拒，而且随着品味及口味日益提升，在我们挚爱产品的全球复兴中，印度将成为极重要的一环。

## 5个威士忌小知识

*苏格兰威士忌的拼法是没有“e”的“Whisky”，而爱尔兰和美国则基本上都会写作Whiskey”。

*威士忌陈放过程中丧失的酒液称为“天使的分享”，其比例因地而异，可以从苏格兰的每年2%，到印度和美国等较温暖地区的每年10%。

*尊尼获加是全世界销量最好的苏格兰威士忌品牌。

*根据2016年统计资料，法国的苏格兰威士忌消费量虽为世界第一，但总金额仅约美国的一半。

*印度威士忌通常不以大麦麦芽、玉米或黑麦为原料，而是用糖蜜加上大麦麦芽或其他谷物的混合物，因此更像朗姆酒而非威士忌。

# 行家会客室

» 奇普·泰特（Chip Tate）

**美国德州威科市（Waco）｜贝尔柯尼斯酒厂（Balcones Distellery）**

贝尔柯尼斯酒厂成立于2008年，在美国的新兴手工烈酒领域声誉卓著。奇普专门酿造以蓝玉米为原料的威士忌，蓝玉米是十分特殊的谷物，在以往是很难用来进行蒸馏的（关于贝尔柯尼斯的单一麦芽威士忌参见第151页）。

**贝尔柯尼斯酒厂有何与众不同之处？**

“我想很多事都有影响，其中之一是‘量身定做’的设备；为了生产非常特别的蒸馏液，所有设备都是我们自己建造的。最重要的因素或许是我们的方法；我们尝试重组传统的概念及方式后，应用它们来生产创新独特的成品，例如“硫黄”（Brimstone）威士忌的烟熏制程（以德州矮橡木熏制烈酒，不过细节是机密），或是贝尔柯尼斯的独特烈酒“轰隆”（Rumble），既非朗姆酒、白兰地、威士忌，也不是蜂蜜酒的独特组合——无花果、蜂蜜和糖。”

**你制作新式烈酒的核心理念是什么？**

“我们的目标，是用新颖有趣的方式将味道结合起来，但也要避免为了创新而创新。我们一直在尝试创造新式烈酒，但得是“偶然”的创新，是百年前也做得出来的那种。”

**经营酒厂后，你最大的发现为何？**

“我想我领略到在威士忌领域中，人们对尝鲜的兴趣既深又广。虽然有很多大厂生产非常传统而杰出的威士忌，但只有我可以在周一想到新点子，在周末前就付诸实行。我想，这就是创新与手工烈酒关系如此密切的原因之一。”

**请以三个（英文）字总结贝尔柯尼斯。**

“质量（quality），
创新（innova-tion），
地道（authenticity）。”

# 威士忌与木材

——

# 天作之合

无论身在何处，说到酿造优质威士忌，有件事是一致的，那就是要选择质量最优异的木材。威士忌是一种深色烈酒，也就是说，它比本书提到的其他烈酒更加仰赖橡木桶来增色和添加风味。这些用来让威士忌熟成的木桶可以重复使用，只有美国波本威士忌例外。波本必须使用全新橡木桶（处女桶），并且仅能使用一次。

## 残留风味

木桶每使用一次，它能赋予烈酒的风味就减少些，你可以把木桶想象成茶包，每泡一次味道就淡些。我们继续以茶包比喻，因为内容物同样重要。如果是英式早餐茶包，你的茶就会是那个味道，如果是来自远东的异国绿茶，茶杯中的味道便截然不同了。这个道理不言而喻。由于橡木是有微小导管及叶脉的多孔材料，用它来填装任何物质时，橡木会吸饱填装物，并少量储存在木头里。

除了波本，世界各地的威士忌制造商大概都会使用用过的木桶，通常是装过波本或欧洲酒（雪莉酒、波特酒或葡萄酒）的木桶。举例来说，若使用旧的雪莉桶，威士忌就会有浓郁的果干味。一般说来，波本桶会为随后填装的酒液带来香草和白色花卉的调性，与新鲜橡木桶中的波本酒有所不同，新鲜橡木桶会带来浓烈的新鲜香草荚、单宁、木质香料与干爽风味。

## 木材类型

另一种能增添威士忌风味的元素，是所使用的木材类型。苏格兰地区只使用橡木桶，橡木的来源通常是美国或欧洲。美国橡树长得比欧洲橡树还挺直，纹理更细密，能释出到烈酒中的木头风味较少，酒桶先前填装物留下的影响也较弱，用美国橡木桶得到的就是先前提过较为轻盈的威士忌。反之，欧洲橡木因较为疏松，会赋予桶中威士忌更浓郁和强劲的风味。

常有人用不同类型的橡木（如北欧或波兰）来试验熟成效果，在欧洲和美国的传统橡木品种之外，日本的水楢木是绝佳选择，不仅日本酒厂，苏格兰酒厂也会使用。但水楢木矮小，也不挺直，木桶制作起来困难，在这些稀有木桶中陈年的威士忌因此身价不菲。

## 尺寸很重要

“木桶管理”（wood management，酒厂术语）的最后一个层面，是使用的酒桶尺寸。简单来说，装在小桶的烈酒熟成速度会比在大木桶中的快，因为于酒液接触的表面积占比高。让我们回到茶包的比喻：茶壶比较大就需要更多茶包才能给水添味。

苏格兰法律规定，容量超过700 公升的酒桶不能用于熟成烈酒。由于威士忌至少需要熟成3年以上才能被称作“苏格兰威士忌”，使用小木桶意味着烈酒熟成很快，可能会导致风味在酒龄足以称为威士忌前便已被破坏。

现在有些美国和苏格兰公司，开始贩卖装填着新酿烈酒的1至25

→威士忌产业中最基层的工作：正在辛勤烘烤木桶的桶匠。

公升小酒桶，以便消费者可以“自家熟成”。虽然用这种方式观察烈酒熟成挺有趣，然而这些威士忌熟成很快，最终喝起来往往味道很糟糕。

## 各种尺寸的酒桶

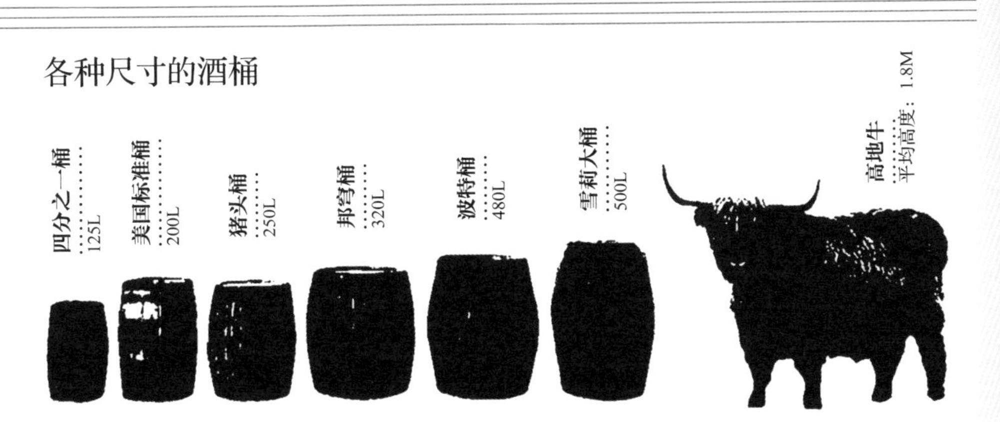

# 行家会客室

» 肥土伊知郎（Ichiro Akuto）

**日本 秩父蒸馏所（Chichibu）**

肥土家的制酒历史可追溯到17世纪，而伊知郎是这个日本老字号酒厂的第二十一代传人。伊知郎十多年来一直是日本工艺威士忌界的大拿，他广为人知，不仅是因为买下传奇的羽生蒸馏所（Hanyu Distillery，可惜现已关厂）设备及存酒，也由于他是日本新兴威士忌酒厂秩父蒸馏所的创办人（见第150页）。

**秩父蒸馏所的独特之处为何？**

“三件事：首先是允许我依据个人需求从头打造自有酒厂的独特机缘；其次，是与我共事者的热情；最后，是我们回归基本的威士忌酿造方式——从碾麦到蒸馏的一切，都在同一厂房内完成。”

**你制作新式烈酒的核心理念是什么？**

“我很清楚日本威士忌的名气愈来愈大，我的核心理念都是立足于全球市场，所以觉得现在获得的关注比二十年前制酒时多得多了。我努力寻找最好的原料，并以正确的方法做事，以便能延续其他成功品牌的脚步。”

**经营酒厂后，你最大的发现为何？**

“这个嘛，制作威士忌的核心程序都是固定的，比如发酵和蒸馏，我能够实验的是其他方面，包括尝试地板发麦（floor maltings）、与农人合作种植本地大麦，或是寻找以日本橡木制作的酒桶和发酵槽（washbacks）。”

**请以三个（英文）字总结秩父蒸馏所。**

“二十一代人的创新（Twenty-first generation innovation）。”

✲

# 美味又简单的威士忌鸡尾酒

对于威士忌老饕来说，威士忌调酒是诸多争论的来源。比方说，究竟是把长期熟成的陈年单一麦芽威士忌与甜味美思、苦精和一堆冰块混成一杯饮品，还是以精进为名打破不成文的规矩在经典酒谱中加新料，更会遭天谴？老实说，这些规矩在这里都不适用。我们才不在乎下面要介绍的这款鸡尾酒是否冒犯了某人的味蕾，因为它们的味道一级棒，而且在家里也能很简单地调制出来。

## 经典波本薄荷朱利普

薄荷朱利普是以波本为基底的经典鸡尾酒之一。它起源于南方的弗吉尼亚州，大概跟当地盛产波本威士忌有关。薄荷朱利普历久不衰的关键，恰恰在于它的简洁一只需要四种材料便能调制。

**材料**

2茶匙　砂糖或糖浆
4枝　新鲜薄荷叶，外加1枝装饰用
2茶匙　水（如果使用糖浆则不需要这项）
40ml　优质波本酒（我们用Wild Turkey101，效果很好）

**调制法**

将糖、薄荷、水及一些碎冰放入可林杯中压挤。加入波本和更多碎冰一起搅拌，最后在上方用薄荷装饰。饮用前插上吸管，配上迷死人的微笑，绝对让你无往不利。若要让这款调酒喝起来带点果味，可以用几茶匙黑樱桃果酱来取代糖。

# 烟熏威士忌版血与沙——泥煤鹿

## Peated Blood & Sand – AKA Hart Peat

这款调酒得名于1922年英俊小生鲁道夫·瓦伦蒂诺主演的同名电影《碧血黄沙》(Blood & Sand),通常是以苏格兰调和威士忌为主角。曾经有人请我们设计调酒来搭配一顿特别的印度餐,在鹿肉餐点的部分,我们决定改造这款出色又清爽的鸡尾酒小生。这里使用的单一麦芽苏格兰威士忌,是乐加维林酒厂限定版(Lagavulin The Distillers Edition,以其和谐呈现泥煤烟熏味和香甜油润的佩德罗希梅内斯[3]雪莉风味闻名)。我们把最后的成品命名为“泥煤鹿”,向厨师辛苦准备的多汁香辣鹿肉致意。希望与其“老天(Oh dear)”, 不如“多点鹿肉(More roedeer)”……

### 材料

25m 乐加维林酒厂限定版威士忌
25ml 现榨血橙汁
12.5ml 樱桃白兰地
20ml 卡尔帕诺酒厂(Carpano)的老配方威末苦艾酒(Antica Formula)
装饰用的薄荷叶

### 调制法

将材料放入装满冰块的摇酒壶里,大力摇荡直到你眼冒金星或耳边响起狩猎号角声为止。滤入冰镇过的高脚银杯(如果有的话)中,并用单片薄荷叶装饰。

3 编注:Pedro Ximénez,西班牙的酿酒白葡萄品种。

# 玫瑰之王

## King of Roses

这份酒谱是我们厚颜无耻地从伦敦一间极好的酒吧卡西达[4]照抄过来的。只要客人超过20位就会塞爆的卡西达，完全不是一般人印象中的酒吧。但如果你挤进去了，就请酒保奥斯卡（Oskar）帮你调一杯玫瑰之王吧，包管你再也不想离开。

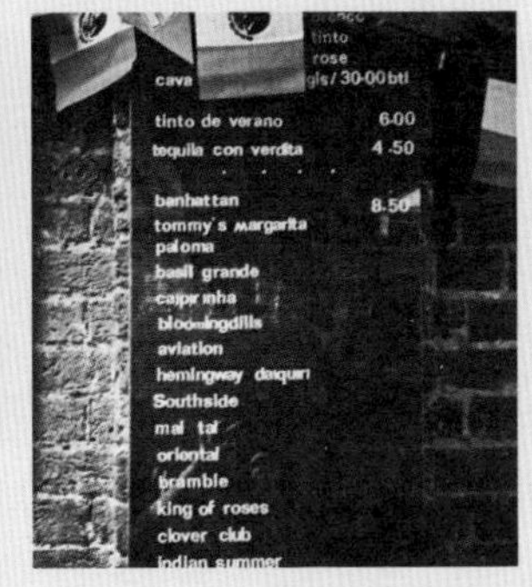


**材料**

50ml 四朵玫瑰（Four Roses）波本酒

25ml King's Ginger 利口酒

50ml 现榨柳橙汁

25ml 现榨柠檬汁

**玫瑰之王**

将所有材料跟冰块一起倒入摇酒壶（想增加甜度就加1注姜饼糖浆），

摇荡后同时用隔冰器及滤网来双重过滤，倒入小的碟形香槟杯中。

4 编注：Casita，已于2016歇业。

# 10 款 必试 威士忌

要从全世界众多优秀威士忌中选出十款来推荐，简直是不可能的任务。经过我们多番争论、调整，终于同意以下十款，不论它们产自何处，都是制作威士忌的绝佳典范：举例来说，名单中有苏格兰、爱尔兰、美国、日本，及其他较少见的威士忌产地。

## Redbreast 15-Year-Old Single Pot Still IrishWhiskey

46% 爱尔兰

Redbreast系列是科克郡米尔顿酒厂的单一壶式蒸馏威士忌之一，最近又增加了12年、15年、21年的酒款。其中这款15年的版本将爱尔兰威士忌制造工艺带入新境界，虽然风味浓郁，却很容易入口。

## Ichiro's Malt Chichibu the First Single MaltWhisky

61.8% 日本

日本威士忌领航者之一的肥土伊知郎在2008年创立的这间酒厂，现已走向成熟。这款酒是首批正式以3年酒龄装瓶的威士忌，但其复杂性、平衡度和口感远胜于实际熟成时间。美妙浓郁的麦芽基调之上，是争相怒放的蜂蜜、轻盈花香、香草及果园调性。

### Kilchoman Machir Bay Islay Single MaltScotch Whisky

**46% 苏格兰 · 艾雷岛**

齐侯门酒厂（Kilchoman, 2005年）是艾雷岛124年来第一间新蒸馏厂。这支酒是酒龄4年与5年威士忌的完美联姻，在波本桶和雪莉桶中熟成，风味远超乎预期。鼻息间复杂的烟熏、烤棉花糖和淡淡香草气息，导出味蕾上香甜滑顺的果味和馥郁的烟熏味。

### George T. Stagg Single Barrel 15 YearKentucky Straight Bourbon Whiskey

**72.4%美国 · 肯塔基州**

这支少量生产的波本威士忌十分抢手，香草、酸樱桃和黑巧克力，混着烤橡木及帕尔马紫罗兰的香气，其风味复杂、精致又带着果香，犹如波本中的猛兽，在杯中吠叫咆哮着。水牛足迹酒厂（Buffalo Trace Distillery）的这支波本威士忌尽管名气响亮，却对内行人毫无妥协，令人惊艳。

### Corsair Experimental Collection 100% Kentucky Rye Whiskey

**46% 美国 · 田纳西州**

多数人认为“工艺”这个词只是营销手段，用来强调“手工”的性质，然而用工艺来形容戴瑞克·贝尔（Darek Bell）2007年成立的品牌“海盗”（Corsair）绝不为过。这款百分之百黑麦威士忌喝起来有浓烈的辛香调、白胡椒、烤坚果味，以及洒上肉桂粉的BBQ猪肉香气，与戴瑞克的其他疯狂点子相得益彰。

### Karuizawa 1983 Cask #7576 Japanese SingleMalt Whisky

**57.2%日本（已停产）**

轻井泽（Karuizawa）在2000年结束营业时，留下了一批尚在熟成的威士忌。幸运的是，由于英国威士忌作家兼商人马尔桑·米勒（Marcin Miller）的介入，没有一滴酒遭遇不测。这些威士忌宛如液体黄金，受到雪莉桶的影响，风味和谐、酒色深沉且干爽，是终极的深夜威士忌。

### Compass Box the Spice Tree Malt ScotchWhisky

**46% 伦敦、苏格兰**

约翰·格拉泽不仅是温文儒雅的首席调酒师，还是一位炼金术士。成立于十多年前的威海指南针酒厂在苏格兰威士忌中选择了最创新的风味，完美地平衡了木桶种类和酒厂特色，创造出极为特殊的调和威士忌。这款酒（想象肉桂、鲜红色水果及浓郁的德麦拉拉糖）就是最好的例子，证明调和威士忌也可以很酷。

### Overeem Single Malt Whisky Sherry CaskMatured

**60% 澳洲 · 塔斯马尼亚岛**

新世界产区的威士忌人气高涨，而微型酒厂老霍巴特（Old Hobart）背后的功臣凯希·欧弗林（Casey Overeem），更是业界当红炸子鸡。他的这款旗舰威士忌在雪莉桶中熟成可达7 年之久，散发葡萄干、枣子和李子气息，配上木质辛香、炖布拉姆利苹果味和隐约的余烬烟味。

### Bain’s Cape Mountain Whisky

**43% 南非 · 威灵顿**

这款产自詹姆士塞吉维克酒厂（James Sedgwick Distellery）的谷物威士忌，是以修筑贝恩斯峡谷大道的道路工程师安德鲁·格迪斯·贝恩（Andrew Geddes Bain）为名。经过柱式蒸馏器蒸馏，置于首装美国橡木桶中熟成，以5年的酒龄装瓶。年轻有活力，又无比新鲜，众所期待的橙皮及香草卡士达风味一点不缺。请想象杏仁膏、糖衣杏仁和成熟油桃的味道，真是明艳动人!

### Balcones Texas Single Malt Whisky

**53% 美国 · 德州威科市**

贝尔柯尼斯，是美国新兴工艺蒸馏潮流中不可多得的瑰宝。创办人奇普·泰特初试啼声的单一麦芽威士忌就不同凡响。其风味轻盈，带有果园香，杏仁、炖梨、李子、香草和些许餐后甜酒的味道在口中激荡，兑水之后香味更加明显，能尝到更浓郁的杏桃干、切碎青苹果味，以及隐约的烤橡木和牛奶巧克力。

# 法国白兰地（French Brandy）

## 烈酒界的女神

| 烈酒名称 | 词源／发源地 | 颜色 | 主要生产国家 | 全球热销品牌 | 主要成分 |
| --- | --- | --- | --- | --- | --- |
| Brandy。这个名称据信可追溯到12世纪白兰地的荷兰文“Brandewijn”，意思是烧酒，但白兰地的起源极有可能要回溯到蒸馏问世时。 | 由于蒸馏水果及葡萄的历史并无明确记载，很难判断白兰地的起源地，不过白兰地的生产在中欧地区十分普遍。 | 颜色范围广泛。有些水果白兰地晶莹剔透，其他则呈深铜色，比如在橡木桶中熟成的XO干邑白兰地和雅文邑。 | 法国。虽然白兰地和水果白兰地产区遍布全国，其中仍以干邑白兰地、加斯科尼地区的雅文邑和下诺曼底的苹果白兰地为主。 | —轩尼诗 Hennessy<br>—拿破仑 Courvoisier<br>—人头马 Remy Martin<br>—马爹利 Martell<br>—珍尼雅 Janneau<br>—马龙传奇 Père Magloire | 除苹果白兰地之类的水果白兰地外，生产法国白兰地需要蒸馏葡萄酒，某些白兰地则会使用果渣（酿造葡萄酒时剩下的果皮与种子）。 |

Cidre Fermier
Cidre Fermier
Cidre Fermier
Poiré Fermier
Poiré Fermier
Poiré Fermier
GRIM' de Poire
Calvados
Calvados
Calvados
Calvados
V.S.O.P.
Calvados Domfrontais
8 ans
Calvados Domfrontais
Jus de Pommes
Jus de Pommes
Jus de Pommes

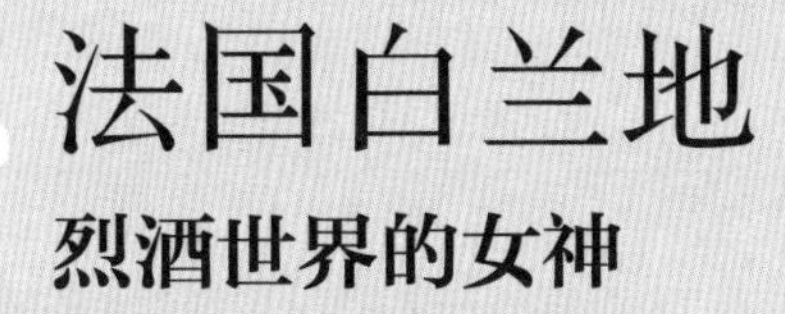

# 法国白兰地

## 烈酒世界的女神

在烈酒的宇宙里，白兰地不只是一颗行星，而是一整个太阳系。事实上，以白兰地受欢迎的程度，若要涵盖白兰地这种人气烈酒的每个品项，这本书就会变成现在的两倍厚。不过，为了文章的清晰简洁以及我们的肝脏着想，我们决定在这个章节仅专注于最知名的法国白兰地，凸显它们之间的微妙差异，以及它们能驰名数个世纪的原因。另外有些烈酒，比如格拉帕（grappa）和皮斯科（pisco）（技术上都被归作白兰地），它们的历史如此丰富，我们实在不忍心把它们贬为脚注，因此也给予它们专门的章节（见《世界白兰地》）。

简单来说，白兰地代表任何以葡萄或特定水果制成的烈酒，每一种基础原料都在制酒过程中带来各自的特性和风味。包括法国、南非、南美洲，和其他许多欧洲国家在内，全球各地的白兰地有许多不同的风貌：有受橡木桶影响的重口味陈年款，也有新鲜清澈的未陈年款，后者以来自蒸馏原料的韵味，突显制造者特有的传统及文化。

结论就是，我们无法以特定风味轮廓、传统饮用方式，或是酿造时遵循的规则来归类白兰地。而白兰地在征服全球过程中累积的数世纪经历，已说明这款烈酒拥有卓越的适应力。

**白兰地的起源**

虽然要精确指出白兰地发源地几乎是不可能的事，但我们推测，只要有葡萄酒和蒸馏技术出现的地方，就几乎存在着某种粗糙版的初始白兰地。习惯在早餐时来一杯兑水葡萄酒的古希腊人是美酒的推广者，而蒸馏的葡萄酒可能早在公元前一千年便已出现，只是当时主要是作为医疗用途。同样地，七八世纪的阿拉伯炼金术师为了制作药剂，也会蒸馏出葡萄酒和其他水果萃取物，然而没有明确证据显示它们是用来饮用的。尽管如此，蒸馏技术传开后（大多是透过欧洲修道院，见第16～18页），有更多人认识并爱上以葡萄、水果为原料的烈酒，尤其是在法国的中西部，当地的土壤和气候极适于种植优秀的葡萄品种。根据记载，法国修道院早在1250年就开始蒸馏葡萄酒（首次出现“生命之水”〔eau-de-vie〕一词），比海峡另一端不列颠和爱尔兰首次用啤酒蒸馏出威士忌还早上许多。

英国及荷兰的酒商在16世纪开始进出口葡萄酒，为了规避高额税金，减少船上的货运量，他们想出了一个妙招：减少每桶盛装的液量。他们借由煮沸酒液有效地减少了水分含量，等抵达目的地后再把水加回去。据传“brandy”这个字，就是衍生自荷兰人称为“Brand-ewijn”的这种恶劣行径，也就是“烧酒”（burned wine）之意。

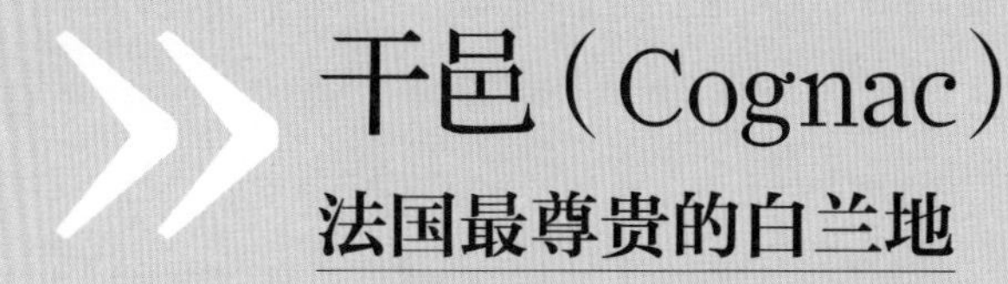

# 干邑（Cognac）
## 法国最尊贵的白兰地

让我们回到法国，一项革命性的突破正在酝酿中，或者该说正在蒸馏中？对于干邑区（Cognac）的居民而言，造就当地整齐划一葡萄藤梯田的完美条件，也具有改变命运的重要性。干邑区镇建于夏朗德（Charente）河畔，这条河是葡萄酒贸易不可或缺的水路，既是通往大西洋的便利水道，也可经由它连接欧洲的贸易路线。

随着法国葡萄酒的盛行，干邑白兰地问世了。干邑白兰地首次被蒸馏出来是在1450年左右，但直到17世纪制造商的技术才有所进步，并改良了以此区所产葡萄酒生产烈酒的制程。他们开始采用二次蒸馏：第一次先将葡萄酒倒入葫芦型蒸馏器—类似苏格兰用的铜制壶式蒸馏器，但较为矮胖；第二次再重复蒸馏前次取得的酒液，来获取较纯净、酒精度较高的烈酒。

有个故事是这么说的，有位知名白兰地酒商某天晚上做了个梦，他梦见恶魔为了撷取他的灵魂而想将他烹煮两次。这位先生醒来后（肯定要先喝一大杯白兰地来安神）领悟到，他应该试着将白兰地蒸馏两次，以便萃取出酒魂。显然魔鬼真是藏在细节里！

在干邑的漫长海运航程中，用于盛装它的橡木桶开始发挥熟成作用。如同苏格兰人意外发现木材对威士忌的影响，法国人也逐渐明白他们创造了多么细致美好而均衡的烈酒。

时至今日，干邑产业已是笔大生意，一度简陋的家族经营品牌，如今都已成为年产量上百万公升的全球大厂。不过，这片地区仍旧有许多独立酿酒庄园，他们多半是小地主、小农，以及生产量少到仅流通于干邑区的酒厂。

## 专属的风土

有一件事需要说明一下。法国人对保护和支持自家葡萄酒与烈酒的文化遗产可说是不遗余力，在1909年就将干邑区划为专属产地，因此，就如同香槟区产的气泡酒，法律上只有干邑区产的白兰地才能称作“干邑”。然而使干邑得以傲视群雄的最主要原因，还是在于将干邑区依特质划分为不同区块，也就是所谓的“庄园”（cru）——土壤和葡萄藤皆足称出众，而且产出的烈酒也有明显不同的风味轮廓。在墨西哥，我们也能从用来制造特基拉和梅兹卡尔的龙舌兰上，发现类似的风土效果。

←数百年来，干邑在国际上一直比其他法国烈酒受爱戴。

## 认识干邑

# 顶级庄园

最优异、质量最好且最抢手的葡萄，来自大香槟区（Grande Champagne）和小香槟区（Petite Champagne）。这两个地区的梯田离干邑镇最近，白垩土（chalky soil，也是“香槟”的字源）赋予蒸馏液强烈复杂的风味，这种风味很适合在橡木桶中熟成。

边林区（Borderies）及优质林区（Fins-Bois）离干邑区中心稍远，生产的白兰地风味迥然不同。边林区有独特的花香和水果气息，而优质林区则有柔和的水果香。也许它们缺少顶级白兰地的关键元素，但仍旧是由优质葡萄制作的优秀干邑。

从良质林区（Bons Bois）和普通林区（Bois Ordinaires）这两地延伸到西海岸一带的烈酒，属于较清淡的风格，酒质与其他区域的相比，通常较不适合熟成，也缺乏层次感。

葡萄品种对干邑的整体风味有极大的影响。根据法律规定，多数干邑区的烈酒来自三种截然不同的葡萄，酿成的葡萄酒酸度高、酒精度低（约8%至9%），口味并不讨喜，也就是说，你不太可能在法国餐厅的菜单上见到它们，但是一旦经过蒸馏，其潜力就能够发挥出来。

**白玉霓（Ugni Blanc）**

这种葡萄是明星选手，在干邑中占了很高的比例，能赋予干邑坚实的底蕴，而且熟成效果极佳。

**白福尔（Folle Blanche）**

这种葡萄就像芭蕾舞者，娇嫩有性格又难以种植，但若将它去掉，便会失去那精微的花香调。

**鸽笼白（Colombard）**

这是另一种较淡而酸的葡萄品种，虽然没有白福尔或白玉霓这么普遍，对于调和蒸馏液却很有帮助。由于白玉霓的葡萄酒产量较高，在制作干邑上，白福尔和高伦巴通常属于陪衬的角色。

## 蒸馏和熟成

葡萄酒经过铜制葫芦型蒸馏器二次蒸馏后，酒精浓度会从8%至9%提高到68%至72%，酒液接着被转移至橡木桶中。受到橡木的影响，烈酒口感会变得柔和，并发展出独特的风味特征，因此使用的橡木类型是很重要的。生长在法国特昂赛（Troais）森林的无梗花栎（sessileoaks）纹理细密，做成的酒桶会使酒液芬芳且单宁较低，而利穆赞有梗花栎（Limousin pedunculate，或称英国橡树）则木纹较疏，可吸收更多酒液，让烈酒获得更干爽、更具橡木感的性格。按照法规，干邑白兰地必须置于橡木桶中熟成2年以上。

陈年较久的干邑白兰地会发展出独特的果香、花香和香草调，兼具水果干、辛香料及些许收敛感。当制酒师觉得木桶开始对酒产生不好的影响，譬如苦、干涩、刺激的风味，就会将酒液转移到窄口大玻璃瓶里。烈酒会被静置在玻璃瓶中，直到质量已获认可为止。

对首席制酒师而言，挑选特定年分及风格的生命之水调配成一款独一无二的酒，是成就杰出干邑的驱动力。某些酒龄更老价格更高的产品，甚至含有高达40至50种不同的干邑。

## 干邑的分类

干邑瓶身上规范酒龄、质量和类型的酒标，可能充满令人头昏眼花的各种术语和缩写。知名品牌轩尼诗（Hennessy）创建元老之一的莫里斯·轩尼诗（Maurice Hennessy），在1865年引进了分类干邑酒龄的星星分级系统。干邑白兰地同业公会（BNIC，Bureau National Interprofessionnel du Cognac）以此为基础，进一步发展出一系列的缩写分级制。有趣的是，尽管这个分级制度源于法国，却采用了许多英文，原因在于许多干邑出口商都是英国人，供应着繁荣却干渴的家乡市场。

VS代表“非常特别（Very Special）”。最年轻的干邑属于这个类别，必须在橡木桶中熟成至少2年。

VSOP代表“卓越陈年（Very Superior OldPale）”。必须含有至少陈年4年以上的生命之水，但平均酒龄通常会更高。

XO代表“特级陈年（Extra Old）”，最年轻的生命之水必须至少陈年10年，但干邑通常含有酒龄上看20年的烈酒。

Napoleon通常代表介于XO及VSOP之间的等级。

其他像“珍藏陈酿”（Vieille Reserve/Old Reserve）或是“忘年陈酿”（Hors d’Age/Beyond Age）等分级，都常用于描述酒龄与质量超越XO等级的干邑。

# 行家会客室

» 埃里克 · 福尔热（Eric Forget）

**法国·雅尔纳克（Jarnac）| 御鹿干邑（Hine Cognac）首席制酒师**

生产干邑已有250年之久的御鹿酒厂位于夏朗德河畔恬静的雅尔纳克小镇，是由来自英国多塞特郡的汤姆斯·海因（Thomas Hine）创立。这个酒厂与其他干邑酒厂不同之处在于，他们仍然与英格兰西南方的布里斯托（Bristol）维持特别的关系——有一定比例的酒是在英国熟成的。果然是遍行世界的烈酒啊！

**调和不同干邑这项艺术对你而言有什么意涵呢?**

“它代表我可以创作出更广泛的香气和风味,调和酒比来自单一批次的酒更丰郁。用的干邑种类越多,最终调配出的干邑就越有深度。”

**将酒桶送到布里斯托熟成在御鹿酒厂已行之有年。这种称作“早登陆”(Early landed)的想法是源自哪里呢?**

“我们想延续19世纪以来的传统,就是酒桶在售出前先被运到布里斯托,这么做除了维持传统,也造就了产品的独特性以及很不一般的风味,因为英国和杋纳克的熟成环境截然不同(后者湿度较高,肯定也比较冷,但温度变化较小)。这种做法造就了香气更丰富,但依然活泼又带花香调的干邑,因为酒桶的影响降低许多。”

**请为门外汉描述享用优质陈年干邑最好的方式,以及风味上需要注意什么。**

“欣赏、品饮陈年干邑的方法和葡萄酒一样。尽管经过蒸馏,陈年干邑仍然和葡萄酒一样,会受天气的影响。品评的词汇也和品评葡萄酒时使用的词汇相同。永远先啜饮一小口,比喝葡萄酒时更小口,接下来,观察酒体、风味持续的时间、甜度、口感是否滑顺、是否有苦味和粗涩感等,然后想象一下制造这瓶干邑时的天气如何。”

**作为首席制酒师,最棒的部分是什么?**

“要动用所有感官去品尝及调配。”请以三个(英文)字形容御鹿酒厂。“精湛(delicate),繁复(complex),花香(floral)。”

# 雅文邑(Armagnac)

## 被时间遗忘的白兰地

我们敢打包票，在阅读这个章节之前，如果被问到法国最受欢迎的白兰地，你一定会说是干邑。不过，你知道干邑这位资深法国代表诞生的时间，其实还晚于法国最秘传的烈酒雅文邑吗？

雅文邑的历史一如干邑白兰地，和法国西南部偏乡的风土息息相关。由于雅文邑至今尚未在法国境外取得一席之地，使得它作为烈酒，经常屈居于手足干邑的光环之下。不过，若把雅文邑和干邑这两种绝佳的白兰地拿来比较，会发现两者的相似点不过就像葡萄表皮那样脆弱，它们之间的关联反而更类似爱尔兰威士忌与苏格兰威士忌那样，各有其独特的个性。

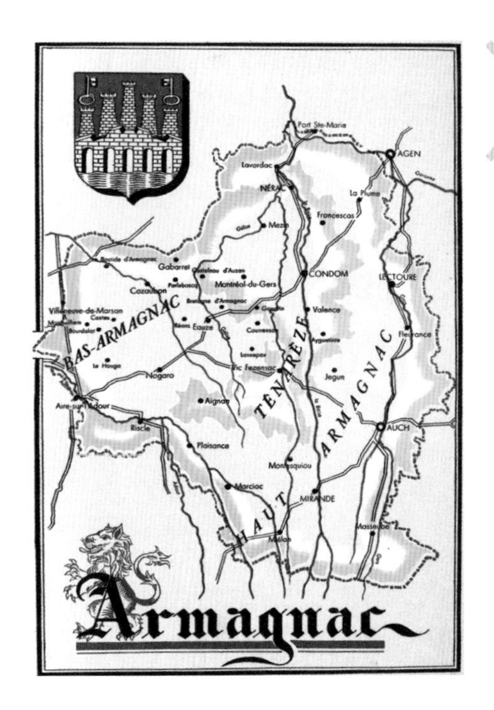

↖雅文邑区分为三个截然不同的产区，其中下雅文邑所生产的酒最抢手。

干邑是调和艺术的呈现，融合来自截然不同年份、制酒师的风味，可以说是一种炼金术。反观雅文邑采取的是较为质朴的手法，它不单单称颂生产者的个性，同时褒扬这瓶酒根植的环境。

雅文邑在法国的出现比干邑早了至少150年，在圣方济神学家维塔·杜弗（Vital du Four）1310年的著作《雅文邑的四十个优点》（*40 Virtues of Armagnac*）中，就曾提及雅文邑的神力与药效。

白玉霓葡萄同样也很适合用来酿制雅文邑，因为它能提供雅文邑坚实的基调，伴随着白福尔葡萄提供的温和细致口感，然而巴科葡萄（Baco）才是这种烈酒如此独特的原因。巴科葡萄是在19世纪晚期引入当地，雅文邑的复杂口感都要归功于它，尽管用它酿的佐餐酒质量不佳，制成烈酒却劲道惊人，陈年之后尤其出色。

## 区域的差异

雅文邑（Armagnac），曾是加斯科涅公国治下一县，位于干邑区南边约250公里处，由三个重要产区组成，它们就如同干邑区的庄园，决定了雅文邑的固有特征，很多时候甚至决定了雅文邑受欢迎的程度。从比利牛斯山脉吹过来的冷风使葡萄藤在冬天更加卖力生长，而当地的风土则确保雅文邑有着比干邑更加活跃、鲜明的特质。雅文邑的酿酒人会自豪地列出自家产品的产区，因为不同地区的土壤产出的风味大相径庭，雅文邑就是用这种方式严正地表明自身根源。

下雅文邑区（Bas-Armagnac）所生产的雅文邑是最受赞誉的雅文邑，也最雅致，该区产量约占整个雅文邑的57%；其次是以白垩土及强劲土壤风味出名的泰纳赫兹区（Tenareze）；排行最末的，是包夹前述两区的上雅文邑区（Haut-Armagnac），因占地较广，这一区的酒庄分布较零星，仅产出少量白兰地。

### 雅文邑和干邑的差异

尽管和干邑有许多共同之处，让雅文邑跻身出色烈酒之林的重要原因之一，在于其制作过程的质朴性。在标榜一致性、自动化和进步的现今社会，雅文邑却珍视那古老、过时、工匠般的生活方式。

雅文邑的蒸馏方式和干邑非常不同！生产雅文邑用的蒸馏器，长得就像儒勒·凡尔纳小说中的东西，很多甚至依靠烧柴的火炉运作，只是炉中装填的是葡萄藤枯枝，而且要人工生火（目光锐利的安检专家们注意了，不得不说，偶尔也会用制酒师的雪茄屁股生火……）

蒸馏设备参照传统柱式蒸馏器，由几块铜板组成。酒液慢慢穿透铜板，直到酒精浓度达到55%左右，再经由“蛇管”或是行之有年的虫桶（worm tub）冷凝成液体。这样的单次蒸馏程序意味着能把许多醇厚的葡萄酒风味保留下来，而不是像使用壶式蒸馏器二次蒸馏的干邑那样被蒸散。法律规定雅文邑仅能在每年十一月到三月之间进行蒸馏，有些制酒师会在此期间开着拖曳机造访小酒庄，车子后面就载着外形古老，布满铆钉的铜制怪物，而非由酒庄送酒到制酒师那儿，这让制酒过程变得既特别又富饶个性，真是“有了蒸馏器，就会到处去”。

### 雅文邑的风味

不同雅文邑产区的风味各殊，这点与类型差异甚大的苏格兰单一威士忌类似。比如艾雷岛威士忌醇厚而具烟熏感的风味，就和经典的斯贝河畔区威士忌相去甚远，再加上其他小酒厂（有些一年只产几桶），你会发现各式各样的风味。

来自泰纳赫兹区和下雅文邑区年份较高的雅文邑，口味豪爽、大胆、具土壤调性且富单宁，同时有种独特的“陈腐味”，这深获好评的霉味，通常出现在以雪莉桶熟成且风味十分复杂的单一麦芽威士忌中。

相较之下，年轻的雅文邑和干邑的相似处就稍微多些：较轻爽、果味重、在杯中发散出的香气与风味也没那么复杂，带有香草、清新果园气息及隐隐的木质香料感。

近期雅文邑发展出一种新的类型——未经熟成的雅文邑生命之水，它可以说是“展现了雅文邑的本色”。由于蒸馏完就直接装瓶，酒色十分澄澈，整体风味极为鲜活，味道干净利落，且极富果香。它也很适合长饮，用来庆祝在乡间度过漫长慵懒夏日时光的传统，再完美不过了。

↖早期的雅文邑海报，刻画有钱人在马背上畅饮。

→下雅文邑区的凯龙大帝（Dartigalongue）酒庄中，有着世界上最古老的雅文邑，时间可追溯至1829年。

Armagnac
1829

# 行家会客室

» 马克 · 达霍兹（Marc Darroze）

下雅文邑区·贺克福（Roquefort）|达霍兹·雅文邑（Darroze Armagnac）

马克·达霍兹（上图左）和另一位行家罗恩·库珀（第76页）两人有着微妙的情谊。他们都借由凸显单一酒庄、农庄生产方式的独特性，改变了各自产业领域的原有风貌。

**物色雅文邑时最重要的三件事是什么?**

"其实我们有两种不同的方法来物色优质的雅文邑。有些酒农供货稳定、质量一致,我们有长期的合作关系,每年都在他们的酒庄蒸馏葡萄酒。我们甚至设立某种俱乐部,提供训练计划,包括拜访雅文邑地区以外的公司。我们的理念是要让这些酒农了解,维持和改善雅文邑的质量有多重要。他们都自豪于可以与我们共事。偶尔我们也会有零星的采购,通常对象是那些曾在自家厂房蒸馏、熟成雅文邑的年长酒农,或是从双亲或祖父母那一辈继承了雅文邑存货的年轻人。"

**你喜欢好年份的雅文邑还是有个性的雅文邑?**

"这两者都蛮重要的。因为我们拥有差异很大的土壤类型、葡萄品种、独特的蒸馏方式及橡木桶选择,使得雅文邑的酒农能制作出有个性鲜明,极易辨识的白兰地。我们一直以来都选择去凸显这些特点。若用生长在沙地的巴科葡萄,经单次蒸馏到53%的酒精度后,放入传统雅文邑桶中熟成,就会产出一款独特的雅文邑。为了保存白兰地原始的特质,我们会原封不动地装瓶。"

**你希望将来公司会遗留下怎样的精神?**

"哈!这是个很困难的问题。我对这块土地和烈酒的热情都来自我父亲,我接手的公司也是建立在特别的哲学上。我们,用法文来说,是匠人。我的目标是延续这个形象,但同时也要现代化和向前看,以及尊重传统,尊重每位制作雅文邑的人。"

**请以三个(英文)字达雷兹雅文邑。**

"多样性(diversity),尊重(respect),愉悦(pleasure)。"

# 苹果白兰地(Calvados)

## 苹果的醉人精髓

整个法国就好似一张令人垂涎欲滴的美食地图:起司、肝酱、令人欲罢不能的亚仁梅干,当然不能漏了上等葡萄酒、干邑及雅文邑。诺曼底地区则和便宜的苹果有着特殊关系:此地从公元7世纪起就生产高级苹果酒,并以它制作另一种卓越的法国白兰地——苹果白兰地。

诺曼底奥日地区(Pays d'Auge)是最知名的产区,地位与干邑的大香槟区不相上下,当地的苹果品种超过两百种,无论是甜型、苦甜型或酸型[1],最终都化身在成品里,酿酒商多年来就是用这些品种创造出一致的风味组合。苹果白兰地的独特之处与苹果酒有关:奥日地区的苹果酒至少要发酵6 个星期,创造出一种强劲、馥郁的果香,上等苹果白兰地的制造商会陈放苹果酒,以强化酒中的多种苹果风味。

1 编注:酿酒用的苹果类型有:甜型(sweet)、苦甜型(bittersweet)、酸型(sharp)、苦酸型(bittersharp)。

质量优异的苹果白兰地跟干邑一样，要在铜制葫芦型蒸馏器中进行二次蒸馏，并在橡木桶中陈放至少2年。新的橡木桶会稍加烘烤，烈酒在熟成期间的前三个月开始吸收许多木材中天然的香草醛和单宁，不过若是存放太久，最后味道也可能会变得不讨喜。经过快速熟成的苹果白兰地，随后会转移入橡木影响较不明显的旧酒桶中。

## 苹果白兰地的风味特征

苹果白兰地经过两年陈放后，仍然鲜明爽冽，富含水果风味。年份较浅的苹果白兰地可以与姜汁啤酒调出很棒的长饮，但若再多熟成几年，苹果白兰地便会升华到另一种境界：5 到6 年，口感会变得较为绵密，苹果的酸味与果皮涩感也会变得柔和；15 到20 年，味道会像是翻转苹果塔，有着从木头中绽放的辛香调，以及奶油苹果味、丰富香草荚味和饱满、油润、厚实的口感。

除了名产苹果，诺曼底地区还给了另一种高挂枝头的水果法律认可，那就是梨子。在诺曼底西南方的东丰德区（Domfrontais），当地的苹果白兰地含有苹果酒及至少30% 的梨子酒，并以柱式蒸馏器单次蒸馏，虽然酒液更纯净，味道却不甚丰富，尽管更快发挥出它的熟成潜力，多少缺乏邻近奥日地区的深度和丰富性。

如同雅文邑，苹果白兰地的国际曝光度没有干邑那么高，但是许多苹果白兰地质量精湛，值得让更多人认识它。

### 法国版格拉帕：马克（MARC）

既然我们花了一些篇幅在法国乡间佳酿，干脆也来讲讲另一种葡萄白兰地。它的制造方式与干邑和雅文邑截然不同，用的是果渣（上图，为了酿葡萄酒将葡萄进行榨汁、去皮后留下的残渣）。马克在法国境外很罕见，但在勃根地、香槟和阿尔萨斯等区域却很普遍。这三个产区的葡萄酒原料来自黑皮诺（Pinot Noir）、霞多丽（Chardonnay）和琼瑶浆（Gewurztraminer），这些葡萄的果渣经过蒸馏（偶尔也会进行陈放），最后产出的白兰地味道新鲜，像极了格拉帕（第189 页），而且风味样貌极受所用的葡萄品种影响。

✻

# 品尝白兰地的最佳方式

长达两个半世纪以来，质量优良、类型丰富的法国白兰地一直是经典饮品的核心，也是边啜饮边配雪茄、未经消毒的全脂起司，以及其他有害健康美食的绝配。

尽管白兰地的传统形象没有什么不良之处（除了很糟糕的白兰地球形杯设计！我们决定要在那球根形的曲线撞歪下一个鼻子前，永远地粉碎它），白兰地仍需要继续前行，找到新世代饮用者认同的风味。

郁金香形的闻香杯能大幅增进陈年白兰地的活力，这种酒杯能让酒和空气接触，释放更多香气。酒精度在40%左右的干邑及雅文邑通常不需额外兑水来引出味道，况且酒液稀释后会掩盖较温和的香气。

然而法国白兰地的面貌正在改变，特别是在调酒方面。不管是年份较轻的苹果白兰地，还是口味较淡充满花香的VSOP干邑，又或是未经熟成的白雅文邑（见第178页），都很适合调成长饮型的饮品。以下是一些在家就能尝试的酒谱。

## 苹果白兰地气泡饮

烤肉时间到啰！你正伸出一只手拿金酒，而且另一只手已经在开冰箱准备拿汤力水了吗？快打住！

### 调制法

何不倒一杯碎冰，再加两分苹果白兰地（年头较短的“Daron Fine”或“Berneroy Fine”都可以，而且也不会让你荷包大失血）。接着加几注安格仕苦精（想自制苦精请参考第214~215页），再加满气泡水（要甜一点就加些汤力水）。最后用一片青苹果装饰。在把注意力转向快焦掉的香肠前，戴上巴拿马草帽，多啜饮几口。

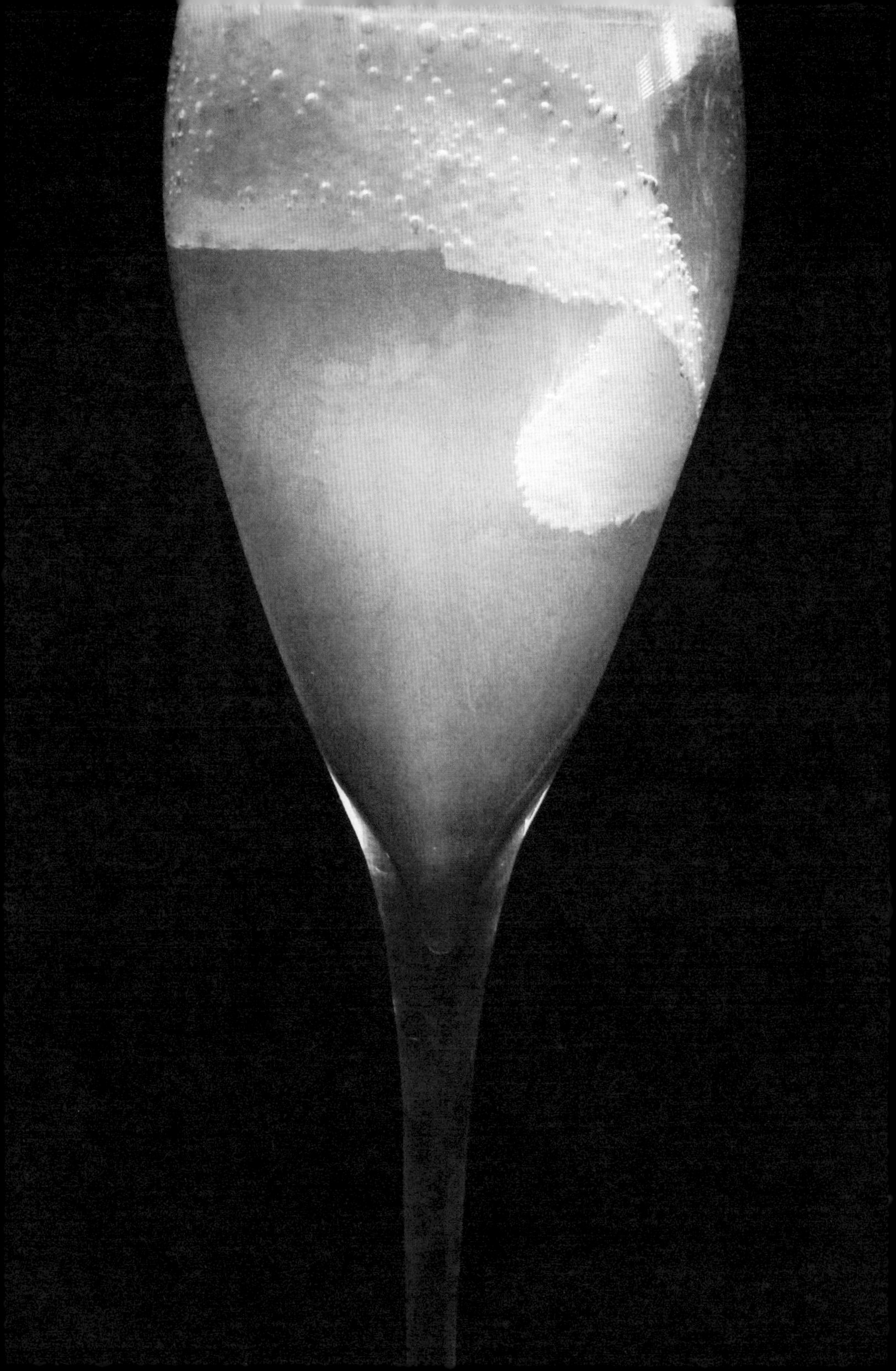

# 海因线

## The Hine Line

这是我们为一场复古鸡尾酒派对所精心设计的调酒，它由一款经典的香槟鸡尾酒改造而来。干邑精致的花香调和苹果汁的甜美果香相得益彰（若喜欢较干爽的口味，可以略过蜂蜜），苦精则增添了一抹讨喜的辛香调。

### 材料

37.5 ml "H by Hine VSOP" 干邑
37.5 ml 优质苹果汁
6.25 ml 淡蜂蜜
2注 安格氏苦精
用来斟满杯的香槟
装饰用的玛拉斯奇诺樱桃（maraschino cherry）

### 调制法

将干邑、苹果汁、蜂蜜、苦精和冰块混合摇晃，将其滤进冰镇的香槟杯，斟满香槟，最后以樱桃点缀。

# 白马天尼

## Blanche Martini

白雅文邑是在蒸馏到酒精度达50%左右时直接装瓶，极度简洁的这款调酒就是为了颂扬白雅文邑的新鲜美味。虽然经橡木桶熟成的陈年雅文邑适合细细啜饮回味，或是调成一杯绝佳的往日情怀，但这位加斯科涅的初生之犊，肯定会引起鸡尾酒界的注目。

首先，用干型威末苦艾酒（建议用“Noilly Prat”，想要甜一点就用白丽叶〔Lillet Blanc〕）润洗杯子。将绅士分量马天尼杯（约65mL或½量杯）的白雅文邑倒入装了冰块的调酒杯中，搅拌20~30秒后，过滤到马天尼杯中，用一片薄柠檬皮装饰即可。

# 10款 必试 法国白兰地

法国有这么多优秀的白兰地，只许挑十种来品尝，真的是非常艰难的选择。对我们来说，以下这些酒品无疑体现了法国的重要性，更说明了在制造顶级白兰地方面，法国之所以独步武（或葡萄藤）林的原因。

### Guillon-Painturaud Vieille Réserve Cognac

40% 瑟贡扎克（Segonzac）

这单一庄园制造商位于大香槟区核心地带，特点在于该庄园所有干邑都来自单一年分，包括20年左右的生命之水。这支酒带有绝妙的芳香，包括核桃、红糖，以及混合坚果味的隐约皮革调，还有巧克力、榛果和香草味。是小型制造商也能有高质量的最佳范例。

### Chateau de Pellehaut Blanche Armagnac

44% 蒙特雷阿尔（Montréal du Gers）

雅文邑多以陈年烈酒身份为人所知，但这支酒重新诠释了雅文邑的概念。白雅文邑是令人耳目一新的未熟成（所以酒色透明）雅文邑，主要是用在调酒上，蕴含强劲的香气及风味，包括新鲜李子、苹果、炖梅干和翻转苹果塔。这支酒很适合初次尝试雅文邑的新手，可以体验到有别于伏特加通宁的滋味。

### H By Hine VSOP Cognac

**40% 札纳克**

若在收成季节前往札纳克，就会发现这家仍遵循250年前的生产方式。这支象征着干邑再出发的酒，口感轻柔迷人（只用大、小香槟区的葡萄），不管直接啜饮或调成鸡尾酒都好。香草、果干及幽微的橡木味，使其成为理想的干邑入门款。

### Dupuy Hors d'Age Cognac

**40% 干邑区**

德普伊酒庄（Dupuy）在150年前并入巴凯·盖比尔森酒庄（Bache-Gabrielsen）。由不同干邑（产自大香槟区庄园）调配成的这支酒，年份的平均值在50年以上，有些甚至将近百年。这支酒的调性是浓郁的樱桃利口酒香、深色焦糖和血橙的芳香，伴随着温暖而具土壤调性的收敛感。它是空前杰出的餐后酒，拥有引人入胜的复杂度。

### Armagnac Delord Hors d'Age

**40% 兰巴司（Lannepax）**

这家雅文邑小酒庄一年的产量是十万瓶，相当惊人，更了不起的是，从装瓶、贴标到封蜡和烫金打凸，全一支小团队手工完成，整个团队最多也就是三个人，简直是手工生产的最高境界！这支15年的酒带着接骨木花的清香，入喉有牛奶巧克力、果干混合枫糖浆及糖渍柳橙的味道。

### Dazzore Les Grands Assemblages 30 Ansd'Age

**43% 贺克福**

由总监马克·达霍兹掌旗的这家先驱酒商集结了为数众多的年份酒款，每款酒都是由指定的农夫种出的葡萄所酿成，年份从10年到60年都有。柑橘类水果、新鲜樱桃及杏仁膏在味蕾上迸发，入喉有浓郁的木质香和甘草味。

### Armagnac Castarède 1939

**40% 莫雷昂（Mauleon）**

在绝佳的年轻酒款（特别是酒龄10年的VSOP及20年的忘年陈酿）之外，家族经营的嘉思德酒厂（Castarède）也以出色的年份酒款自豪。这支酒虽然价格不菲，却真是世界上最出色的烈酒之一，有着迸发的热带水果、黑糖、香草和土质辛香料味。喝下它就是极乐时刻！

### Dupont Vieille Réserve Calvodos

**42% 奥日地区**

尝过杜朋（Dupont）家族这款珍藏陈酿之后，还把苹果白兰地称作法国第三的白兰地，似乎并不公允。经橡木桶陈年5年（有¼是全新橡木桶，带给酒体强健的单宁）的这支酒，是以80%的苦甜型苹果混合20%的酸型苹果，并在蒸馏前进行长达6个月的发酵，因此它带有独特的果皮、香料调性，以及浓浓的苹果味。

### Adrien Camut Privilège Calvados

**40% 奥日地区**

这是一家严格遵守家族制酒工艺的酒厂，多少年来秉承着质朴的理念，使用将近25种苹果制成的苹果酒（熟成10个月左右），在烧着苹果木的小型蒸馏器中进行蒸馏。这支酒经过18年的陈放，在浓郁的奶油香、炖水果、香草、蜂蜜和意外爽冽的青苹果调主体之间取得平衡。

### G. Miclo Marc d'Alsace Gewurztraminer

**45%阿尔萨斯**

这是广为人知的法国白兰地世界中的一颗曲球，将它列入名单纯粹是因为它太有趣了。这支马克是由格乌兹塔明那的果渣制成，具备优质阿尔萨斯白葡萄酒的果香（想象杏桃加上一点油桃和洋槐蜜），风味饱满，鲜活有冲劲。

# 世界白兰地（World Brandies）

## 地球上的液态黄金

如同上个章节所示，白兰地已在过去的5个世纪中渗透到世界每个角落，并融合了独特且国际化的风味及传统生产方式。其成功一部分要归功于葡萄藤卓越的永续性，以及新世界葡萄酒获得的高度关注，这意味着来自欧洲、南非及美国的葡萄白兰地愈来愈受欢迎。同样，几乎任何天生含（果）糖量高的传统果园水果都能用来酿制水果白兰地，除了李子、苹果、梨子、杏桃、樱桃以外，也可以使用更具异国情调的物产。试过南非的香果石蒜（kukumakranka）制成的白兰地吗?

白兰地（或用较广泛的名号“生命之水”来称呼这种类别）之美，在于任何甜的、能发酵的东西，只要遇上对的人，就有机会成为可口的烈酒。本章将介绍几位名副其实的专家，他们娴熟地掌握了这门将水果（当然包括葡萄）变成液态黄金的艺术。

Grappa "Elisi"
Distilleria Berta
€ 23,00
ELISI

QOLLQE
PISCO
PISCO
Don

# 皮斯科(Pisco)

## 南美的后起之秀

说起美洲真正的烈酒代表，得到的答案不外是美国的波本威士忌或者墨西哥的特基拉，不过南美洲默默无闻的皮斯科，正逐渐为人所知。

皮斯科是由葡萄蒸馏出的甜美烈酒，秘鲁及智利这两个相邻的国家将自己视为它的发源地。如果白兰地相当于烈酒世界的红葡萄酒，那白葡萄酒就是皮斯科。

一直处在南美洲葡萄酒阴影下的皮斯科是在16世纪发展起来的，当时西班牙垦荒者前来建立了葡萄园，并在寻找渣酿白兰地——以酿完葡萄酒留下看似无用的剩余物制成——的代替品。

随着这甜美烈酒日渐风行，秘鲁与智利开始互争皮斯科的归属权，如今两国都在境内设有严格控管的皮斯科产区。相较于秘鲁皮斯科，智利皮斯科的酒精度通常比较低（偶尔会达到30%）。不过秘鲁人很自豪地宣称他们有与皮斯科同名的城镇，成为秘鲁皮斯科起源论的额外佐证，也坚信唯有他们能在酒标上使用“皮斯科”这个名号。

在新一波顺口调和产品的潮流助长下，这种南美白兰地的需求在全球各地皆有成长，而且是快速成长。目前皮斯科进口量最大的是美国。

## 皮斯科的风味

和葡萄酒一样，葡萄品种对皮斯科的类型和风格影响很大，也能够混合使用不同品种来酿制（称作“混合皮斯科”〔piscoacho-lado〕），进而赋予不同品牌独特的风味样貌。

常用来制作皮斯科的葡萄品种有：麝香（Muscat）、阿皮洛（Albillo）以及意大利（Italia）。其中，意大利可以酿造出美妙的香气型皮斯科，充满芳香青苹果及接骨木花性格，既甜美又丰腴，香气及风味都十分美妙，是很棒的皮斯科入门酒款。皮斯科纯酒（pisco puro）就如同意大利的格拉帕（第189页）一般，呈现出单一葡萄品种令人回味再三的风味，凸显出这极富表现力烈酒的多样性。与其他水果白兰地不同的是，秘鲁皮斯科受法律限制，不能在木桶或任何会改变它原始风味的容器中陈年，所以喝起来绝对不会出现什么木桶味。

↓ 皮斯科酸酒：众人皆知最让人欲罢不能的鸡尾酒之一，调制方法相当简单（见第186页）！

# 行家会客室

» 达根 · 麦克唐奈（Duggan McDonnell）

**美国旧金山**

由于对符合西方喜好的的皮斯科需求日益强烈，旧金山一群烈酒狂热者索性创立自己的品牌“Campo de Encanto”。团队成员包括：制酒师卡洛斯 · 罗梅罗（Carlos Romero）、侍酒师瓦特 · 摩尔（Walter Moore），以及调酒师麦克唐奈。

“Campo de Encanto”属于混合皮斯科，分别混用了淡香型及香气型葡萄，在秘鲁生产并且存放1年。混用的葡萄品种包括：给布兰塔（Quebranta）、多隆得（Torontel）、蜜思嘉以及意大利。这家以旧金山为基地的公司凭着风味新颖、平易近人、包装超酷的产品，已经成了新世代皮斯科爱好者们的指标品牌，除了赢得不少竞赛奖项，也深获世界各地酒评欢心。

**你都怎么享用皮斯科？**

“就像白兰地一样，皮斯科可以室温状态直接饮用，通常秘鲁和智利两地都习惯这么喝，不过皮斯科真正的精髓在于皮斯科酸酒，也是秘鲁和智利的国饮。滑顺、香甜又清爽的皮斯科酸酒受欢迎到秘鲁甚至有国定皮斯科酸酒节以示庆祝，可以说是南美洲最具代表性的饮品之一。”

# 皮斯科酸酒

Pisco Sour

皮斯科酸酒是使用柠檬汁、糖浆、和蛋白调制的简单调酒，和复仇一样，任何酸酒都是冰冷为佳，皮斯科酸酒也是在冰凉时享用口感最好。此外，皮斯科酸酒跟秘鲁的国民料理特别搭，像是腌生鱼还有用柠檬汁腌渍（以柠檬酸的功效料理海产）的薄切国王扇贝、洒上香菜和一点点皮斯科的醉扇贝。下面是我们所提供制作一杯分量的调酒酒谱，想要制作更多杯只要加倍计算数量即可，非常适合用来当招待宾客的餐前酒！

**材料**

| | |
|---|---|
| 50ml | 皮斯科 |
| 25ml | 现榨柠檬汁 |
| 12.5ml | 糖浆 |
| 1颗 | 蛋白 |

**调制法**

1. 将所有材料和冰块一起用摇酒壶摇荡。
2. 将酒液滤入装有冰块的威士忌杯中。
3. 可以依个人口味，加上几注的安格仕苦精。

# 格拉帕（Grappa）

## 甜蜜生活之味

如果世上有什么事是毋庸质疑的，那就是意大利人对本国产品的热情，在制造格拉帕一事上也不例外。格拉帕是意大利最古老的烈酒，其起源可追溯至14世纪，蒸馏果渣的技术在家族经营酒厂中一代又一代的施行、改良，且臻于精熟。

在过去二十年间，格拉帕经历了某种变革，从受农人喜爱用以在冬天提振精神的传统粗制烈酒，变成大量生产、质量稳定却相对来说没有特色的产品，对蒸馏过程及所用葡萄的关注程度也不如传统手工时代。所幸匠人工艺已经重获重视，而最好的格拉帕都来自充满热情且采用较传统工法的人们，使格拉帕得以获得全球鉴赏家的高度评价。

在压榨、发酵及精制后，每一百公斤的葡萄可以制成一百瓶左右的葡萄酒。不过，从如此珍贵的葡萄藤得到的果渣，却仅能制作三瓶格拉帕，可见无论规模大小，生产格拉帕都不是一门容易的生意。像蜜思嘉和格乌兹塔明那这样富有香气的葡萄，因为有美妙的芬芳果香、花香平衡，颇受制酒师喜爱，然而像梅洛（Merlot）、阿玛罗内（Amarone）及巴洛洛（Barolo）这些颜色较深的葡萄，则会为格拉帕带来强烈的深色水果香气、果酱般的甜味、辛香料及单宁的收敛感。

小批次的格拉帕通常是使用半柱式半壶式的蒸汽加热蒸馏器生产，借由蒸汽蒸腾出果渣特殊的香气及风味，有助于将葡萄品种特性保留在成品中。格拉帕最后会蒸馏到酒精度85%，再用除矿水稀释到装瓶贩卖的酒精度。

## 格拉帕的类型

格拉帕绝不只是未经陈年的烈酒！年轻的格拉帕酒（grappa giovane）通常会放入酒槽融合1年，这么做有助于使那些独特风味脱颖而出。在要进行陈年时，意大利人则深谙在令人眼花缭乱的木材类型中的挑选之道，最受制酒师欢迎的是橡木、栗木、樱桃木、扁桃木、梣木及桑木。不过也不能过度撷取木桶的天然风味，如此才能达到杰出成品所需的平衡与深度。陈年格拉帕（grappa invecchiata）以及更独特、更多层次的特级陈年格拉帕（grappa riserva 及 grappa strave-cchia）则颇似那些深色法国白兰地，风味多样，价格却要亲民得多哦！

↓顶级格拉帕的香气十分适合在用餐完毕后品饮，搭配一杯极品意大利咖啡，堪称完美。

## 经典和现代的饮用方式

格拉帕的经典饮用方式是作为餐后酒搭配咖啡享用，加上极具艺术感的格拉帕杯：杯梗纤细，笛形的杯身传达着酒液的芬芳香气。格拉帕适宜以室温饮用，但它是用途极为多样的烈酒，调酒师经常用它取代经典鸡尾酒中使用的干邑或其他陈年白兰地，或者以酒色澄清且葡萄风味突出的微冰青年格拉帕，让意大利的普罗赛克（Prosecco）汽泡酒口感更活泼些。

# 行家会客室

» 维托利奥·卡波维拉（Vittorio Capovilla）

**美国旧金山**

在格拉帕制造业中，恐怕没有比“卡波维拉”更响亮的名字了！维托利奥·卡波维拉正是现代格拉帕之父！就创制足将独特风味提升至前人未及之境的一流烈酒而论，他也是不折不扣的先驱。

**你会怎么形容制作优质格拉帕的这门艺术？**

“蒸馏可以是你的真爱！你所要追寻的是原物料、蒸馏技术、整体知识，以及正确地诠释原物料。”

**酒龄和个性对格拉帕各有何重要？**

“格拉帕有两种类型：‘白’的和陈年的。对后者来说，木桶质量与陈年时间相当重要。白格拉帕在以源自当地的水降低酒精浓度并装瓶前，必须在酒槽中陈放2年到3年，以便让酒液产生酯类[2]。”

**请用一分钟说明为何你的格拉帕是最好的。**

“我们生产的是纯蒸馏酒，不是利口酒，也不是浸泡酒，而且我们采用二次蒸馏系统来蒸馏果渣，跟其他格拉帕比起来，至少要多花十倍精力和时间。此外，我们的格拉帕不含任何添加剂，所以很纯粹、新鲜，也很容易代谢。”

**享用卡波维拉格拉帕的最好方式？**

“芳香的白格拉帕适合当开胃酒，或是配斯蒂尔顿起司一起吃，若是由红葡萄制成的格拉帕，要在咖啡之后饮用，而陈年格拉帕则可配巧克力或古巴雪茄。”

**请以三个（英文）字描述卡波维拉。**

“理想主义（idealist）、无政府主义（anarchist）、完美主义（perfectionist）。”

2 编注：参见第218页。

WED. G. OUDE & C°. PURMEREND

VERKOOPKANTOOR SOERABAIA

OUDE

RICOT BR

JAC. JONGERT

APRICOT BRANDY

# 水果白兰地（Fruit Brandy）

## 丰富的地域选择

从德国到南非，水果白兰地除了象征着蒸馏烈酒的类型多样，也为了解制酒师如何从特定水果蒸馏出关键特征提供独特洞见。举例来说，德国最受欢迎水果烈酒之一的樱桃酒/樱桃白兰地（Kirschwasser/Kirsch），是以发酵的莫雷洛樱桃（morello cherry）果肉进行蒸馏。刚采收的成熟樱桃饱满多汁且糖度高，是很好的蒸馏基底，不过蒸馏出来的烈酒却不是预期中的甜美樱桃风味。樱桃白兰地有着干净且近乎酸涩的强烈果味，伴着樱桃底蕴而来，这是因为在发酵过程中使用的是整颗樱桃（包括果核），由此也带出了类似杏仁的鲜明坚果味。

## 东欧传统烈酒

东欧地区对以水果为原料的白兰地需求相当庞大，其中斯利沃威茨（slivovitz）相当受欢迎，它是以大马士革李子为原料制成的白兰地——将果肉、果核与酵母一起发酵，再以小型壶式蒸馏器蒸馏。你也可能会在保加利亚发现类似的白兰地——以往是由特罗央地区的修士用当地产的蓝李（blue plum）进行蒸馏，偶尔也会加入药草调味，这种甜美却强劲的白兰地实在太受欢迎，以至于保加利亚有专为蓝李办的庆典。节庆的焦点当然是白兰地，许多家庭DIY者还会带来他们的蒸馏器，作为烈酒展售的一部分。

## 萨莫塞特的苹果酒白兰地革命

从法国诺曼底及苹果白兰地产区越过海峡，我们来到了英国。英国西南部向来出产质量绝佳的苹果酒，尤其是萨莫塞特郡，这里的果园结满上百种不同品种的苹果，而将苹果酒转制为白兰地的传统一直持续到17世纪后期才停止。不过有两个顽固的家伙——朱利安·坦普利（Julian Temperley）和蒂姆·斯多塔（Tim Stoddart）——努力振兴传统，复耕萨莫塞特芳美的果园，再次以园中生长的苹果酿制优质烈酒。

←制作烈酒的技巧通常是由家族守护，代代相传。

↗木桶位于英国的萨莫塞特苹果酒白兰地酒厂。该地曾以苹果闻名，如今则以一桶桶熟成中的苹果酒白兰地为人所知。

# 10款 必试世界白兰地及生命之水

说到我们选出来的风味样貌，你会发现它们极为多样化。还是那句老话，要从表现如此广泛的烈酒选出十款优秀范例真的非常困难。不过以下都是当之无愧的经典。

## Somerset Cider Brandy 20 Years Old

**42% 英国**

苹果酒白兰地最早在1678年出现于英国，作为这种酒的推广者，坦普利和斯多塔两人创造出这支香气十足的杰作，也是他们最早的作品。他们调配了无数种苹果才完成这个配方，最后将白兰地置于橡木桶中熟成，每年只挑一桶酒装瓶贩卖。浓郁芳醇的果香带出微微辛香调、丰富的香草，以及橡木的收敛感。

## Viñas de Oro Italia Pisco

**41% 秘鲁**

这是我们最早开始尝试的皮斯科之一，让我们对这种绝妙却常被中伤的烈酒完全改观！相较于某些味道粗涩又有强烈发酵葡萄调性的皮斯科，这支以意大利种葡萄命名的酒既有美妙的花香，又有明显接骨木花调性，伴着爽冽的青苹果、一丝香草，以及成熟梅子味。试着加点冰块、汤力水和一片苹果享用。

### Van Ryn's Distillers Reserve Brandy Aged 12Years

**38% 南非 · 斯泰伦波什(Stellenbosch)**

出色的葡萄酒在南非层出不穷,因此好些独树一帜的白兰地的出现并不让人意外,其中拔得头筹的就是范仁斯(Van Ryn's)。这支酒混合白梢楠(Chenin Blanc)及高伦巴两种葡萄,在铜制壶式蒸馏器里进行蒸馏后,经过12年的熟成,发展出独特的新鲜水果香气,入喉有丰富的深色香料味及隐隐土壤味。

### Korbel Calfornia Brandy Aged 12 Years

**40% 美国 · 加州 · 索诺马(Sonoma)**

另一富于葡萄酒酿造传统之处转而生产白兰地,而且惊人地成功!19世纪后期创立的科贝尔酒庄(Korbel),在创办人弗朗西斯·科贝尔(Francis Korbel)的带领下开始生产白兰地,如今已有一系列白兰地产品。这支酒龄12年的产品口感意外饱满,带有橙皮、香草及新鲜的葡萄香气。

### Gonzá lez Byass Lepanto Solera Gran ReservaPedro Ximenex Brandy

**40% 西班牙 · 赫雷斯(Jerez)**

索雷拉(solera)是指雪莉酒的陈年手法——装瓶前将陈年雪莉和年轻雪莉混装在木桶里。这支酒也采用了相同方法:陈放12年后,转移至带有丰郁辛香气味的佩德罗希梅内斯雪莉(Pedro Ximénez sherry)桶里,进行长达3年的熟成,孕育出酒中几近天堂般的复杂度,以及木质辛香料、烟草与浓厚的果干味。

### Waqar Pisco

**40% 智利**

智利与秘鲁在为皮斯科发源地争论不休的同时,也都积极地向海外市场推销各自的优质皮斯科。这款产品来自科金博地区蒙特帕特里亚附近的坎波沙诺(Camposano)制酒家族,带着蜜思嘉葡萄蒸馏后应有的特色——强劲的果味及甜味(草莓、隐隐的柑橘皮及蜂蜜),以及持久的辛香余韵。

### Nardini Grappa Riserva

**50% 意大利**

纳迪尼(Nardini)家族自1779年就已经开始生产这种意大利国民酒。对于熟悉橡木桶陈年烈酒的人来说,"Riserva"一词是相当有趣的标示,毕竟这支酒是在以克罗埃西亚东部生长的树木制成的斯拉夫橡木桶中熟成。在桶中打盹5年,给酒液带来多样果香:爽洌的青苹果、新鲜的柠檬皮,以及馨香的油桃。入喉则有带蜂蜜感的香料喉韵。

### Capovilla Grappa di Barolo

**41% 意大利**

维多利欧·卡波维拉是毋庸置疑的格拉帕大师,他深切了解手工烈酒的细微差别。从葡萄的收成质量、纷繁复杂的蒸馏器,甚至小到人工贴标的酒瓶,都带有这位巨匠的烙印。这支使用巴洛洛葡萄的酒十分饱满且富有李子风味,有着微微樱桃调性以及单宁收敛感,并以肉桂调性收尾。

### Lubberhuizen & Raaff Peer Conference

**42% 荷兰**

这美妙的工艺酒厂,前身是个消防局,但生产的酒一点也不火!苹果、黑加仑、李子、樱桃和梨子的每个部分,都被用来做成生命之水,并且在装瓶前陈放1年。这支梨子蒸馏酒完全符合你的想象:一缕绿色水果花香,以及入喉的土壤味,鲜明的梨子与香草风味在口中萦绕。

### Okanagan Spirits Canados

**40% 加拿大**

感谢一位玩乐团的加拿大朋友向我们介绍这支酒。在名称上玩文字游戏的"Canados"[3],其实就是一种苹果白兰地,由首席制酒师法兰克·戴伊特(Frank Deiter)在欧肯纳根的酒厂中生产制作。这支酒充满大胆、活跃的酸味水果(配方的核心是野生苹果〔crabapple〕),在口中留下持久的爽洌感。可以确定的是,这支酒绝对不只是仿作。

---

3 编注:法国的苹果白兰地叫做"Calvados"。

# 其他烈酒（Other Spirits）

## 奇特、美好又可畅饮

到目前为止，我们已经在烈酒世界中经历了一趟深具启发性的旅程，发掘了一些表现杰出的酒款，深入探究各式各样酒类生产者背后的热情。不过仍有一些烈酒被许多酒客忽略：或许是对它们的存在一无所知，或许是难以理解。本章的目标，是要介绍那些确实不寻常而独特的烈酒，尤其会聚焦于东南亚。那里可是有着许多史上销售最佳，你却从未听闻的烈酒呢。

# 阿夸维特（Aquavit）

## 一饮而尽的北欧烈酒

香气和风味记忆之间微妙的关联是众所周知的，如果你从来没有过这种体验，我们建议你尝试写一些品饮笔记，看看会有什么样的结果，这可是我们每天的固定作业呢！执行这个作业就像是来一趟前往潜意识的旅行，当香气从玻璃杯中溢出时，通常会激发出某个与那种香气有关的记忆，而这个记忆又会引出当初记下的品饮笔记。

**愿北欧与你同在**

我们很喜欢用的某个特定品酒笔记用语，就是"星际大战玩偶"。那是一种会让人着迷的气味，混合了塑料、油漆、胶水、纸箱和油墨，是当你打开一盒经典星际大战玩偶的瞬间充斥在空气中的气味。有些陈年烈酒，多半是波本、兰姆及苏格兰威士忌，偶尔就会散发出这类气息（至少我们的脑子是这样解读的）仿佛一转眼就回到少年时期，那时一个塑料科幻生物玩偶，就能带给我们那么多的乐趣。

对烈酒探索者（就是我们啦）之一的乔艾尔来说，能让他联想起圣诞节家庭欢聚回忆气息的，就是阿夸维特。无论是在英国家中重现家乡氛围或是来年实地拜访，挪威家乡在哈里逊家族的各种节日中都扮演着重要角色，挪威国酒阿夸维特（也称作"akevitt"或"akvavit"）总是能唤起某些儿时回忆。

→愿北欧与你同在。来瓶阿夸维特吧！

**啜饮一口历史**

现代阿夸维特之父据说是克里斯多福·布里克斯·翰默（Christopher Blix Hammer），一位18世纪身材富态的挪威公务员，也是哥本哈根大学的植物学家兼藏品丰富的文学作品收藏家。翰默以著作食谱广为人知，他也为农人编写操作手册，包括如何正确地蒸馏，以及如何添加自己种植的药草和辛香料。结果这些有药草和辛香料风味的无色烈酒先被当做万灵丹使用，随后又当做餐后酒饮用。

**如何酿制**

阿夸维特的制作方法与其他谷物烈酒很类似，只不过有的使用铜制壶式蒸馏器，有的则是用比较有效率的柱式蒸馏器。如今有很多阿夸维特会另外在橡木桶中熟成，以增添风味并去除酒中的粗涩感。

**阿夸维特的风味**

阿夸维特的风味和香气十分独特，以谷物（小麦或黑麦）或马铃薯为原料进行蒸馏，并以斯堪的纳维亚当地的药草及辛香料加味。和金酒的制作一样，每个酒厂都有自己的秘方，丹麦、挪威及瑞典等国间虽有些微不同，却都以葛缕子风味为主（就像金酒中的杜松子），加上其他药草及辛香料，如小豆蔻、孜然、八角、芫荽、茴香和莳萝。

斯堪的那维亚的传统是先冷藏阿夸维特，在享用海鲜或重口味肉类餐点（比如盐渍羔羊肋排）之后作为餐后酒饮用，通常再搭配冰啤酒。然而像干邑或优质威士忌那样，品饮阿夸维特的风潮逐渐兴起，尤其是那些陈年时间较长的阿夸维特，例如在老雪莉桶中熟成12年的"Gilde Non Plus Ultra"。

# 白酒（Baijiu）

## 中国式举杯—干杯！

我们还没介绍到的地区，就是中国这新兴市场。

作为烈酒商业研究案例而言，中国相当引人入胜。由于早前中国并未开放许多国外商品进口，进军中国对优质苏格兰威士忌、干邑及其他深色烈酒大厂或经销商而言，意味着庞大的商机。他们成功地将自家的烈酒商品塑造出顶级形象，从这个有着巨大商机的市场获得可观利润。

我们最近访问了某高档烈酒公司的业务，对方表示，若中国市场需求量在未来两年上升超过3%，他们将会无法供货给原有的西方市场，甚至连原产地也买不到！英法两地出现单一麦芽苏格兰威士忌价格飙升的一大主因，就是因为中国市场的广大需求。

↑有咸香风味的白酒在中国是很受欢迎的搭餐酒。

中国其实也有土生土长的烈酒——白酒。它是以多种谷物为原料在地窖或陶缸中进行发酵，像是小麦、大麦和高粱，偶尔也用米和豆类。

## 白酒的制作

白酒通常都是以柱式蒸馏器进行蒸馏，不过也有一些酒厂采用木制壁身，以蒸汽加热的传统中式蒸馏器。蒸馏出的酒液接着会被放入陶坛中陈年，这些陶坛就像木桶一样拥有气孔，让烈酒得以呼吸及熟成，也因此酒厂能推出不同酒龄的产品，与抢手的进口烈酒竞争，使稀有、收藏酒款组成的次要市场竞争白热化。

白酒可以分为五个主要类型：浓香型、清香型、酱香型（经过长时间的发酵）、米香型和兼香型（中国北方混合多种风味的白酒）。其中受到高度重视的品牌，就是有着强烈甜酱香气的茅台了。

白酒需求量之大，拥有酩悦香槟及格兰杰（Glenmorangie）与雅伯（Ardbeg）等顶级苏格兰单一麦芽威士忌的酩悦轩尼诗-路易威登集团（Louis Vuitton Moët Hennessy, LVMH），买下了文君酒的多数股份。另一例是拥有尊尼获加和斯米诺的世界酒业巨头公司帝亚吉欧（Diageo），它拥有另一大白酒品牌水井坊的51%股权。

## 白酒的味道

你一定要亲自尝过才能了解白酒的风味——药草、幽微果香，偶尔还有药水及长期发酵的水果或干草味。白酒还有一种独特的酱油感，使它拥有一股非比寻常的咸香风味，对西方人的味觉来说不是很容易接受，但却深深吸引着中国的消费者。

# 日本烧酒(Shochu)

## 日本的代表性烈酒

别弄错了,它不是较为人所熟知的清酒(sake)! 日本烧酒在本国相当受欢迎,不过不像广受国际推崇的日本威士忌,这款无色烈酒还没有将足迹延伸到日本以外。

## 日本烧酒的酿制

日本烧酒的蒸馏原料通常是大麦、米、荞麦或番薯，以蒸馏方法分为两种类型：连续式蒸馏及单式蒸馏。

连续式蒸馏日本烧酒由于一般以糖蜜、酒粕为蒸馏原料，且装瓶贩卖的酒精度要低于36%，因此较为顺口，也最具经济效益。单式蒸馏日本烧酒比较符合我们所知的烈酒形象：装瓶后的酒精度必须等于或低于45%，且要以壶式蒸馏器蒸馏。虽然这种日本烧酒可以进行熟成，但一般都未经陈年直接装瓶，可加冰、加水或直接饮用[1]。

## 日本烧酒的味道

尽管日本烧酒制造商急切地想与日本酒划清关系（日本烧酒在日本的销量已经超过日本酒），两者风味确有类似之处：入喉有干燥花的甜味、些许海藻般的海潮气息及随之而来的发酵果香。饮者若能沉浸于日本文化，就会发现日本烧酒是一款容易入喉的烈酒。

↑烧酒的类型五花八门，每一款都有其独到的风味，不过都是搭餐的好选择。

1 审注：当代日本烧酒饮用法相当多样，与气泡水、果汁等调配成嗨棒的做法也十分常见。

# 韩国烧酒（Soju）

## 全球最受欢迎的烈酒

别误会，我们可没醉——关于烈酒，我们在整本书中说了很多听来古怪的话，上面的副题大概是其中之最，不过我们保证它百分之百是真的。是的，韩国烧酒是全世界消耗量最高的烈酒。令人不敢置信的是，根据知名业界刊物《全球饮品》（*Drinks International*）最近的报导，最受欢迎的韩国烧酒品牌“真露”（Jinro）在2012年销售了6500万箱（相当于超过5亿公升的烈酒），大幅领先其他竞争对手。简直就像是爆炸得多的异国版马爹利，不是吗？

一般人真的没什么机会能够喝到韩国烧酒，除非你住在韩国，或是曾经前往韩国，因为绝大多数烧酒都是在韩国国内消费，只有少量销往海外。由于烧酒的酒精浓度相对较低，尤其是某种酒精度在20%至25%左右的稀释型烧酒，巧妙地避开了美国对烈酒征收的高额税金，因此得以很快进驻美国市场。这种烧酒通常是加冰块喝，也可以跟可乐和汤力水调配，或是以可以立即饮用的预调罐装形式贩卖。烧酒在韩国常用来搭配啤酒饮用，以增加啤酒的劲道。

## 韩国烧酒的制作

现今大多数的韩国烧酒都是以稻米作为蒸馏原料，不但无色，也未经陈年，然而，过去当韩国人遭遇无法想象的米荒时，曾经使用马铃薯及树薯这种比较便宜的替代原料。

↓就像味道中性的伏特加一样，烧酒很适合用来混调，可以当成许多饮品的基酒，也可以冰镇后直接饮用。

## 韩国烧酒的味道

韩国烧酒的味道类似酒精度较低的伏特加，也就是说没有什么风味，除了舌头上会有隐约的酒精刺激感，入喉后可能带上些许发酵白葡萄酒调性。年轻消费者在乎的，通常是饮品最终呈现的味道而非背后的酿制过程，而烧酒可以帮现榨果汁或任何软性饮料增添风味这点，对这群消费者来说是很难抗拒的。

# 芬尼酒(Feni)

## 果阿的灵性体验

想开启灵性有很多方法，不过在印度的果阿（Goa）[2]，开启灵性跟芬尼酒（或作“fenny”）密不可分！果阿位于印度西部滨海地区，芬尼酒是当地最受欢迎的饮品。芬尼酒之所以能吸引游人前往果阿，主要是因为它在果阿以外地区极为罕见，不过已知的芬尼酒厂就有六千家，生产着类型和数量不一的芬尼酒。

2 编注：充斥印葡文化融合氛围的果阿地区，加上濒临阿拉伯海的绵延沙滩，是20世纪60年代嬉皮文化的重镇，如今则以度假胜地及各种灵性修炼闻名。

→芬尼酒主要是由腰果苹果制成，在果阿地区极为受欢迎。

## 芬尼酒的制作

芬尼酒是将腰果苹果（别跟又小又硬的腰果搞混了）发酵、蒸馏而成。由于味道独特，果阿的制造商已经成功地让这种烈酒受到产地标示保护，就和特基拉与萨莫塞特苹果酒白兰地一样，是特定国家才能生产的烈酒。

由于大部分芬尼酒制造者本质上十分质朴，制酒技术一直维持原貌。成熟的腰果苹果先用脚踩破，再以重物压榨出甜美的果汁，接着自然发酵三四天，才以铜制壶式蒸馏器三次蒸馏到酒精度45%左右。果阿北部有约四千家小型蒸馏厂生产腰果苹果芬尼酒，还有至少二千家酒厂则是生产另一种椰子芬尼酒，使用的是生长在果阿海岸线的椰子树树液。

近来芬尼酒的发展开始有所改变，某些较大品牌打算仿效特基拉及梅兹卡尔的做法，推出顶级芬尼酒来吸引行家。这么做的难点在于，在果阿之外，芬妮酒的流通量有限，因为它被归类为农村酒，也就是除了西部沿海某些城市，印度其他地方是禁止贩卖的，而通过经销商输出到西方国家的，也只有一两个品牌。

## 芬尼酒的味道

芬尼酒相当甜美，但第一次尝试的人可能还是需要时间才能习惯，它的基调稍显单薄而具酒精感，它有着强劲爽冽几乎像现切青苹果的调性和独特的坚果感。如果你有缘得到一瓶芬尼酒（建议你以“研究”名义去一趟果阿），要小心那些不太正经的产品，可能会有些不太美味的惊奇及可疑添加物。在我们看来，芬尼酒很适合当做加冰长饮的主要材料，或是帮其他饮品调味，甚至是和其他烈酒或果汁混调成鸡尾酒。

# 5款 必试特殊烈酒

蒸馏没有国界，也不知道哪里才是家乡。只要你愿意，在任何地方都能生产生命之水。世界上许多国家都在应用且改良蒸馏的技术，因此我们就来看看世界各地（从北欧到韩国）某些比较特殊的风味！毕竟烈酒是一个名副其实全球化的领域。

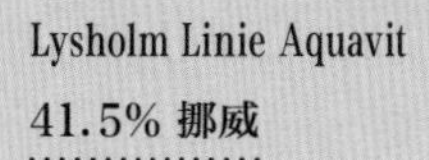

## Lysholm Linie Aquavit

**41.5% 挪威**

在挪威，橡木桶熟成阿夸维特的历史，据说要追溯到1805年一艘开往西印度的商船。当这艘船在两年后返航，随船回航的酒桶货主在打开木桶时，意外发现酒在航程中发生了惊人的熟成效果！由于忘不了这种风味十足的熟成阿夸维特，乔治·李斯洪（Jorgen B. Lysholm）在1821年建立他的第一座蒸馏厂，并且推出“LysholmLinieAquavit”。特地船运到南美洲再运回，借此促进熟成的这款酒是以马铃薯为原料，并以葛缕子、莳萝、茴芹、茴香和芫荽调味，在欧罗洛梭雪莉（oloroso sherry）桶中陈年，以取得淡雅的香草甜调。接着这些酒桶会被放在甲板上，在海上航行4个半月，两次越过赤道，承受温度、湿度及其他条件的变异，行船时的晃动也有助于熟成。据称，酒厂随时有超过一千个这样的酒桶在海上熟成！

## Jinro Soju 25

**25% 韩国**

作为畅销全球的烈酒品牌，真露烧酒也许在销量上是头咆哮的猛虎，然而它相对较低的酒精度给味蕾的刺激不大，入喉就像只打呼噜的小猫。真露烧酒不掺杂其他东西，带有爽冽的清新感及些微发酵谷物气味，以及十分干爽的尾韵，大概不会是深色烈酒爱好者会喜欢的口味。不过，换个场景—加上一些苏打水、新鲜柠檬或香甜酒（cordial），就能用它调成一杯超棒的冰凉长饮，让你有个美好的炎炎夏日。

## Shui Jing Fang Wellbay Baijiu

**52% 中国**

水井坊（Shui Jing Fang）已有超过六百年的历史，是吉尼斯世界纪录中世界上最古老的蒸馏厂。1998年考古所挖掘出的干燥室、发酵窖、火炉、木桩和蒸馏器底座，都被完整保留下来。这款烈酒相当值得一试，可以让人揣摩当蒸馏概念尚未传到世界其他角落，让我们最终制出金酒、威士忌、白兰地和其他醉人烈酒之前，蒸馏烈酒的可能样貌。这支酒附带一个六角形的玻璃基座，六面分别烧制了酒厂所在地成都的六个历史地标。

## Kazkar Feni

**40% 印度·果阿**

这款酒真的很难找，因为果阿地区以外很少有芬尼酒的经销商。我们是在伦敦一家餐厅品尝美味的果阿慢烤羊腿料理“Chini Raan”时，才有机会喝到一两杯，否则只能搭上飞机亲自到当地一尝究竟！若你真这么做，就要有心理准备：这支酒带着强劲的发酵苹果和榛果气息，以及酒精底蕴，但它大概还不是你接触过最质朴的芬尼酒。它在果阿以外世界的未来发展，可能有赖于调酒，例如用来当做莫希多的基酒，只要加上一点苹果汁和气泡水，就能感受到芬尼酒的潜力。

## Iichiko Frasco Shochu

**30% 日本**

这款顶级日本烧酒仅以大麦为原料，具备所有完美生产程序要素，拥有绝妙风味。虽然仅经过单次蒸馏，但日本人巧妙地结合了减压和常压两种蒸馏方式，最终得出酒精度约45%的酒液，接着再以天然泉水稀释，使口感不可思议地滑顺，其稳定质量获得世界各大奖项肯定，也极受日本消费者青睐。

# 鸡尾酒苦精（Cocktail Bitters）

## 烈酒世界的调味料

每间酒吧架上都能看到一群不同形状且有着醒目标签的神秘小瓶，有的甚至还附有酷似科学器材的滴管，显然是用来少量吸取内容物。究竟这些小东西是何方神圣？

对调酒师而言，鸡尾酒苦精是不可或缺的！如果没有这些小玩意儿，调酒师将难以完成许多150年来脍炙人口的经典鸡尾酒。鸡尾酒苦精之于调酒师，犹如盐和胡椒之于厨师—它能帮助形塑、界定及凸显饮品中的风味，融汇酒味、甜味和辛辣味三者，并取得饮品应有的平衡。

## 苦精的故事

每个小小的苦精瓶中，皆蕴藏着极具爆发力和冲击性的风味及香气。现在市面上的苦精，大多是百年历史配方的现代版。苦精是将有香气的药草、辛香料、根茎植物和树皮的混合物，浸渍在高强度烈酒中，来获取草本植物的风味特质。

安格天娜苦精堪称是世界上最知名的苦精，它的瓶身上有着明显不合身的标签（原本应该是印刷错误，却反被当成传统保留下来），其配方历史可回溯至1830年左右，被当时的委内瑞拉军队当做万灵丹。用苦味药草、树皮、辛香料，以及其他被认为对常见疾病有疗效的原料一起浸渍的苦精，是配水作为酊剂服用的，对很多医生而言，它们就相当于旧时代的流感疫苗。

↑它们个头虽小，却充满爆炸性及刺激性的香气与风味。

## 崛起、衰败、复活

苦精在19世纪大为普及，许多品牌都打着保健饮品及滋养良方的旗帜，美国尤其风行。这些夸大的疗效宣称很难证明是否属实，直到1906年通过“纯净食品和药物法案”，才遏止厂商继续这种印度神油式的广告营销手法。大众仿佛在一夕之间对苦精失去了信心，少数幸存下来的品牌（如安格天娜苦精）因此占尽竞争优势直到今日。

一直到90年代，苦精都还是鸡尾酒成分中备受误解又不讨喜的一员，然而多亏了少数热爱重现过往旧时酒谱风味（不包括某些更可疑、弊多于利的素材）的调酒领航者，苦精得以重新返回吧台。

鸡尾酒苦精近来大有复兴之势。调酒师会用单方苦精（如丁香、肉桂、樱桃、苦艾草〔bitter wormwood〕、小豆蔻、茴芹等）来增强鸡尾酒某方面的风味，只要几滴特定风味即可。用比较容易懂的比喻来说，苦精就像调酒世界的《全能住宅改造王》，特定饮品就是得用这些风味强烈的小瓶量身打造。没错，它们小归小，却续航力十足。

# 如何自制苦精

说实话，当代苦精配方大多十分出色，都在具有收敛感的苦味之上，添加了独特的香料或是草本元素。然而，制作属于自己的苦精却也没有你想象的那么复杂，只要给自己多一点时间，发挥创意，思量一下自己想要的风味究竟是什么样子。

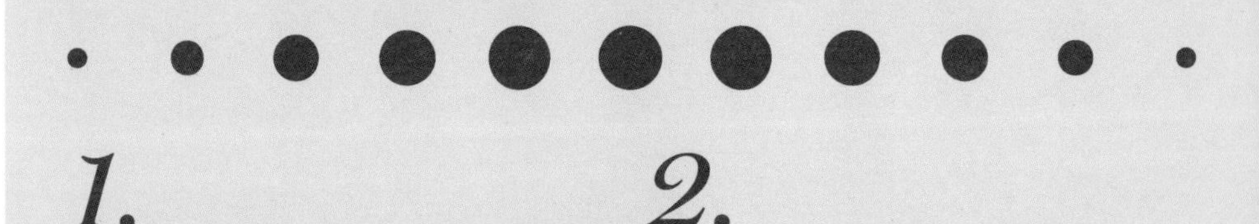

## 1.

### 了解植物性质

有些天然药草和辛香料看似无害，但若没有经过适当处理，是会产生毒素的。首先，建议各位前往"herbsociety.org.uk"或美国草药学会的网站"herbalgram.org"查询，它们都有提供应该避开的详尽药草清单及安全准则，总不能在一口都没喝到前就先让自己中毒吧！如果对某个成分有疑虑，就不要使用，像红豆杉的果实就含有剧毒。

几乎每种苦精配方都含有苦味剂（通常是龙胆草、欧白芷或苦艾），它们本身尝起来只让人恶心，但与其他风味结合时，就能作为重要的风味基础。

## 2.

### 创作自己的草本配方

尽可能多准备几个干净的广口瓶。每种干燥草本植物都准备5克左右。给新手一个建议，尽量不要自我设限。你可以参考右页上方的建议植物清单，里头有相当多的味道供你搭配，不过你也可试着找找自家厨房的柜子，看看有哪些现成材料，也许会激发出什么灵感也说不定。

## 制作苦精的精选植物

**龙胆草或欧白芷根**
强烈的苦味

**绿色小豆蔻荚**
美好的香气及些许薄荷感

**八角**
干茴芹味

**肉桂皮**
浓郁的木质/土壤调

**丁香**
辛香、辣味及土壤味

**柠檬皮干**
强烈的柑橘皮味

**黑胡椒粒**
带来辣度与深色香料感

**香草荚**
奶油焦糖调及隐约苦味

**果干（葡萄干+枣子）**
饱满富层次的甜味

**咖啡**
土壤及烘烤气息

**芫荽籽**
温暖且芳香的辛香调

※想要非比寻常的味道，不妨试试有着强劲单宁烟熏味的正山小种红茶。

# 3.

### 进行浸渍

最适合用来进行萃取的烈酒，就是不会影响植物风味的高强度伏特加！每100毫升伏特加添加5克草本植物即可，让伏特加盖过草本植物后静置一段时间。伏特加强度愈高，萃取物愈精纯。有些植物需要的浸泡时间很短，有些则需要较长的时间，经验法则教我们要定期检视，大约两个星期就可以得到想要的成果了。较薄的草本植物比较容易萃出风味，质地较硬的木本植物就要花比较长的时间了。

你也可以用高强度的朗姆酒或威士忌来试验看看，使苦精拥有额外的风味。用高浓度的深色朗姆酒来浸泡香草和肉桂，是再好不过的了。

# 4.

### 建构苦精配方

终于来到有趣的部分了！用咖啡滤纸过滤浸泡液，然后分别为每一种萃取物规划搭配。一开始先以苦味（欧白芷或龙胆）作基底，然后加点带土壤味（肉桂）的，接着再用其他味道为苦精锦上添花。别忘了，一点分量就会有很大的效果！比如小豆蔻的风味就十分霸道，所以要特别注意这个绿色小鬼头。

请以制作大约50毫升的配方为目标，准备几个有滴管或滴嘴的小瓶子（多数化工行均有贩卖）。若是想要用更引人注目的方式炫耀自己做的苦精，可以上“urbanbar.com”购买迷你苦精瓶。它们是贵了点，不过实在很酷！

# 啤酒花苦精

## Distilled Hop Bitters

当我们在本地发现一丛野生啤酒花，就觉得应该来制作一些啤酒花苦精，配方改编自一本1870 年代的医学期刊。啤酒花本身的苦味相当适合作为鸡尾酒苦精的基底，它的独特花香调跟金酒搭配时特别迷人。

### 调制法

要制作50 毫升的啤酒花苦精，你需要用左列的植物来浸渍。这个配方以皮油调性为基底，平衡地调和了啤酒花的苦味、桂皮的木质调、丁香的温热和辛香，以及小豆蔻的草药和薄荷醇调。

### 材料

| | |
|---|---|
| 5g 或1茶匙 | 桂皮 |
| 10g 或2茶匙 | 干柠檬皮 |
| 10g 或2茶匙 | 干橙皮 |
| 5g 或1茶匙 | 小豆蔻 |
| 5g 或1 茶匙 | 丁香 |
| 15g 或1汤匙 | 新鲜啤酒花 |

### 来杯下午茶马天尼!

你可以试着这么做：用几注啤酒花苦精冲刷马天尼杯壁。将金酒和伯爵茶糖浆倒入装有冰块的搅拌杯里均匀调和后，再注入马天尼杯即可！干杯吧!

### 材料

| | |
|---|---|
| 50ml | 金酒 |
| 5ml 或1茶匙 | 伯爵茶糖浆 |

用来冲洗杯子的啤酒花苦精几注

RIDLEY'S
HOP BITTERS #1

# 制酒的

# 21个关键词

无论位于何处，生产什么酒，为了确保作业顺利，每一家酒厂都有铭记于心的关键词。在这里跟大家介绍的，是最重要的21个。

**ABV | 酒精浓度**

“Alcohol By Volume”的缩写，以百分数表示瓶中物的酒精占比。

**Alcohol | 酒精**

这个字的意思相当直白。世界没有酒精就会沉闷无趣，不是吗？不过，让我们正经一会儿：每种烈酒都含有几种不同形态的酒精，像是乙醇（好家伙）、甲醇（坏东西）和杂醇油（丑八怪）。制酒师的主要工作就是，让蒸馏液中的好酒精量最大化（移除甲醇和杂醇油），作为他们所要创造的特定风味样貌的背景。

**Condenser | 冷凝器**

一种能将蒸馏过后的高温酒精蒸汽冷凝回液态的重要设备，通常是跟蒸馏器组合运作。

**Consistency | 一致性**

有两种解释：大部分的制酒师都希望每一瓶酒都维持一致的风味样貌，然而也有制酒师就爱小批次生产导致的变化，每一批次产品的风味都略有不同。

**Cut Point | 酒心收集点**

制酒师必须要开始收集所想要的烈酒风味“精华”的关键时刻。

**Distillate | 蒸馏液**

每位制酒师视为生命的液体黄金（讽刺的是，它其实是完全透明的），能有的风味数以千计，每一种都拥有自己的烈酒基因，也是制作者的自述。

**Duty | 税**

必要之恶。每种烈酒都会被征收相当高的税，除非是“游击蒸馏厂”的烈酒，嘘……

**Esters | 酯类**

这是组成烈酒香气的成分，来自蒸馏过程中（主要产生于发酵、熟成阶段）取得的化合物，是许多烈酒（从威士忌到白兰地）的芳香水果调来源。

## Ethanol | 乙醇

这是烈酒中主要的酒精类型，可以安全地被人体摄入。它是所有烈酒的核心、故事中的英雄（参见Methanol | 甲醇）。

## Fermentation | 发酵

发酵是非常重要的生化反应。酵母将谷物、糖蜜或葡萄糊里的天然糖分吃掉后，转化成酒精，接着才能进行蒸馏。

## Fusel Oils | 杂醇油

这是不讨喜的酒精。高浓度的杂醇油对人体有害，少量则可能会让人宿醉。制酒师的手艺，就是在杂醇油大量出现于蒸馏尾段（参见Cut Point | 酒心收集点）时，控制蒸馏液中杂醇油的含量。含量正确的话，它们其实可以是有用的。

## Heads | 酒头

一套壶式蒸馏器中产出的第一道酒（又称初段酒〔fore-shots〕）。此时酒液混杂了轻重不一的化合物，酒厂会将它们跟质量好的酒心分开，以便再次蒸馏前者。

## License | 执照

大部分的威士忌酒标上都有“成立”（Established）一词，后面会跟着一个日期。若用“被抓到”来替换，意思也差不多。所有合法酒厂都需要执照才能蒸馏生产，这也算是一种保证，证明这些产品不会喝死人（希望啰！）

## Methanol | 甲醇

每个英雄故事里头都有一个反派，不过酒厂可不想要在他们的烈酒里，有太多这种坏蛋酒精存在。大量摄取甲醇会导致失明，严重一点甚至会致命。

## Proof | 标准酒度

一种表示烈酒酒精度的方式。从前酒厂会将烈酒与火药混合来“证明”酒的强度，能点燃的烈酒才会被认可酒度至少已达100，差不多是现在的57.1%酒精浓度。不过令人困惑的是，美国的标准酒度是现行酒精浓度的两倍，也就是说100 proof等于50% ABV。

## Reflux | 回流

烈酒在蒸馏器中沸腾时，比重较重（也是我们想去除）的化合物在蒸馏器内部无法上升到高处，而是会流下来重新被蒸馏。也就是说，回流有助于烈酒的纯化。

## Still | 蒸馏器

这是每个蒸馏厂的核心。铜制壶式蒸馏器全世界都有，用来生产像是威士忌、白兰地、特基拉和许多其他烈酒。柱式蒸馏器比较高，也更有效率，能够在较短的时间内制作大量烈酒，它常被用来制作伏特加、谷物威士忌和朗姆酒。

## Tails | 酒尾

指最后一部分被蒸馏出的烈酒（亦称“伪酒”〔feints〕），含有比重较重没人想要的化合物。制酒师将酒尾分离出来后，会将它与酒头混合再次蒸馏，以便持续萃取烈酒中所有可用风味。

## Temperature | 温度

假设没有控制好温度，就不可能进行发酵，蒸馏器也无法正确运作；蒸馏厂绝对有理由买个好一点的温度计。

## Yeast | 酵母

生产烈酒的“三位一体”除了水和糖分（来源有发芽的大麦/谷物/糖蜜/葡萄等），就是酵母，烈酒成品中诸多风味都是拜酵母所赐。

## Yield | 产量

所有酒厂都必须要考虑到一件事：如何从持有的原物料获得最大量的酒精。举例来说，特基拉酒厂能从7公斤的蓝色龙舌兰，产出1公升的优质烈酒；麦芽威士忌酒厂通常可从1公吨的大麦麦芽，产出至少410公升的纯酒精。

# *Picture credits*

All photographs by Andrew Montgomery except for the following: 1724 Tonic Water 43 above left. Alamy age fotostock 36; age fotostock/
J.D. Dallet 165, 167; age fotostock/José Enrique Molina 75; Ian Blyth 108; Bon Appetit/Susanna Blavarg 190; Bon Appetit/Herbert Lehmann 171; Victor Paul Borg 203;
Don Couch 71; Carl Court 204; dk 201; dpa picture alliance archive 95;
Food Centrale Hamburg GmbH/Gauditz 188; Simon Grosset 31; Hemis/Bertrand Rieger 130; Hemis/
Jean-Daniel Sudres 113; Mary Evans Picture Library 34; John McKenna 126; NiKreative 134; Travel Pictures 107. Balcones Distilling 138, 139. Capovilla Studio04 191. Cazulo Edric George Photography 208, 209. Chichibu Distillery 142, 143. Corbis Found Image Press 192; Janet Jarman 73; Floris Leeuwenberg 37; Danny Lehman 68; Hemis/Tuul 115; Kipa/David Lefranc 129; Reuters/ Mariana Bazo 182; Lisa Romerein 80; Swim Ink 2, LLC 166;
Bo Zaunders 200. Corsair Distillery 18. Crystal Head Vodka 62, 63. Darroze Armagnacs 168, 169.
Del Maguey 76, 77. Duggan McDonnell 185. Fentimans 43 above right. Fever-Tree Limited 43 below left. Getty Images Eitan Abramovich/AFP 184; Mary Ann Anderson/MCT via Getty Images 157; Lee Avison 81; John Burke 132; Yvette Cardozo 72; Nelson Ching/ Bloomberg via Getty Images 198;
Per Eriksson 153; Boryana Katsarova/AFP 194 left; Jeff Kauck 101; Seokyong Lee/Bloomberg via Getty Images 207; Christopher Leggett 93; Lonely Planet Images 94; Felix Man 100; Jeff J Mitchell 141; Pankaj Nangia/ Bloomberg
via Getty Images 136; Popperfoto 110; Balint Porneczi/ Bloomberg
via Getty Images 97;
Chris Ratcliffe/Bloomberg via Getty Images 51;
Heriberto Rodriguez/MCT/MCT via Getty Images 79;
David Sanger 22; SSPL via Getty Images 90, 92;
Alasdair Thomson 44 below; Tohoku Color Agency 205;
Universal Images Group 38; Angela Weiss 57. Hine Vintage Cognacs/Thomas Hine
& Co. 162, 163. Mary Evans Picture Library Retrograph Collection 159. Medine Limited 120, 121. Overland Distillery 98, 99. Rex Features
Julien Chatelin 154. Sacred Spirits Co. 46,
47. Shutterstock csp
70; Rob van Esch 44 above; gashgeron 54;
IgorGolovniov 17; Steve Lovegrove 55. Sipsmith Independent Spirits
35, 39. Somerset Cider Brandy 194 right, 195.
SuperStock Tips Images 181. Thinkstock iStock Editorial/Paul Brighton 206; iStock/Gutzemberg 96; iStock/Jaime Pharr
21, 128. Thomas Henry
42, 43 below right. Vestal Vodka 56.

# 感谢

Cheers、
Skål、
Sláinte、
Salut、
Kampai、
Prost、
Cin Cin、
Sei Gesund，
干杯……

两位作者想要特别感谢以下的“烈酒探险家”付出的时间和耐心，还有他们超凡的酒力（排序不分先后）：维克·格里尔（Vic Grier）、卡罗琳和路易·里德利（Caroline & Lois Ridley）、西瑟和斯图亚特·哈里斯（Sissel & Stuart Harrison）、丹尼斯·贝兹（Denise Bates）、乔纳森·克里斯蒂（Jonathan Christie）、欧特帕斯出版社（OctopusPublishing）的瑞安·布莱恩（Leanne Bryan）及团队、安德鲁·蒙哥马利、格林和席腾经纪公司（Greene & Heaton）的克劳蒂亚·杨（Claudia Young）、尼克·摩根博士（Dr. Nick Morgan）、佩特·罗伯（Pat Roberts）、肯·格里尔（KenGrier）、艾德·贝兹（Ed Bates）、阿曼达·格汉（Amanda Garnham）、罗恩·库珀、马尔桑·米勒（Marcin Miller）、欧利·韦林（Olly Wehring）、本恩·艾勒森（Ben Ellefsen）、卡特·史宾瑟（Cat Spencer）、麦芽大师（Master of Malt）的小伙子和小姑娘们、苏克亨德·辛（Sukhinder Singh）、亚历克斯·赫斯金森（Alex Huskin-son）、特色饮品（Speciality Drinks）的邓肯·罗斯（Duncan Ross）及团队、蒂姆·福布斯（Tim Forbes）、戴夫·布鲁姆（Dave Broom）、帕特里夏·潘奈尔（Patricia Parnell）、卡拉·塞弗（Carla Sever）、格瑞葡萄酒与烈酒（Gerry's Wines & Spirits）、爱丽丝·拉赛儿（Alice Lascelles）、戴维·内森·梅瑟（David Nathan Maiser）、戴维·T. 史密斯（David T.Smith）、比尔·欧文（Bill Owens）、克莱·雷森（Clay Risen）、泰德·德温（Ted Dwane）、戴斯蒙德·潘（Desmond Payne）、吉姆·隆（Jim Long）、莱恩·切提亚瓦达那（Ryan Chetiyawardana）、卡西达酒吧的威尔和奥斯卡（Will & Oskar）、丹·普莱斯曼（Dan Priseman）及挪拉酒吧的团队、达林·琼斯（Darin Jones）、杰瑞米·斯蒂芬（Jeremy Stephens）、杰瑞米·格拉（Jeremy Gara）、蒂姆·里德利（Tim Ridley）、尼尔·艾德华（Neil Edwards）、克里斯·佩波（Chris Papple）、罗伯·艾伦森（Rob Allanson）、班恩哈德·谢弗（Bernhard Schäfer）、托勒·威斯尼斯（Tor Visnes）、哈维尔·列治（Halvor Heuch），以及国际葡萄酒暨烈酒大赛（IWSC）团队。

怎么样，想来一杯了吗？

**图书在版编目（CIP）数据**

世界烈酒轻松入门 /［英］尼尔·雷德利，［英］乔艾尔·哈里逊著；味道笔记本，汪海滨，卢雪君译．— 上海：上海三联书店，2021.10重印
ISBN 978-7-5426-6589-8

Ⅰ．①世… Ⅱ．①尼… ②乔… ③味… ④汪… ⑤卢… Ⅲ．①白酒－基本知识 Ⅳ．① TS262.3

中国版本图书馆 CIP 数据核字（2018）第 288653 号



# 世界烈酒轻松入门

著　　者 /［英］乔艾尔 · 哈里逊（Joel Harrison）［英］尼尔 · 雷德利（Neil Ridley）
译　　者 / 味道笔记本　汪海滨　卢雪君
特约策划 / 朱明晖（Andrea Chu）
责任编辑 / 黄　韬
特约编辑 / 钱凌笛
装帧设计 / 书艺社
监　　制 / 姚　军
责任校对 / 张大伟

出版发行 / 上海三联书店
（200030）中国上海市漕溪北路 331 号中金国际广场 A 楼 6 层
邮购电话 / 021-22895540
印　　刷 / 北京华联印刷有限公司

版　　次 / 2019 年 3 月第 1 版
印　　次 / 2021 年 10 月第 2 次印刷
开　　本 / 880mm × 1230mm　1/32
字　　数 / 85 千字
印　　张 / 7
书　　号 / ISBN 978-7-5426-6589-8 / G · 1518
定　　价 / 138.00 元

敬启读者，如发现本书有印装质量问题，请与印刷厂联系：010-67876655

味道笔记本

毕业于台大日文系，热爱古典音乐，专门研究职人文化、日本料理，身体力行美好生活的美食、葡萄酒作家。

汪海滨（Josh Wang）

威士忌及烈酒独立撰稿人，参与《世界葡萄酒地图》《世界威士忌地图》翻译，走访过全球众多蒸馏酒厂，微信公众号“烈酒志”创始人及主编，用不同方式探索着烈酒世界。

卢雪君（Jackie Lo）

来自中国香港拥有多年调酒经验，荣获 DMBA 2018 年度中国调酒师，是目前国内女性调酒师的代表人物之一。卢女士活跃于全国各地的各种酒类品牌和媒体活动，另外她是微信公众号“黑夜线斗士”的创始人，进行鸡尾酒和酒吧环保意识文化推广，是一名名副其实的鸡尾酒传道士。

特约策划 朱明晖（Andrea Chu）
责任编辑 黄 韬
特约编辑 钱凌笛
装帧设计 书艺社